U0655633

电网工程
绿色建设管理

白林杰　主编

中国电力出版社
CHINA ELECTRIC POWER PRESS

内 容 提 要

本书遵循国家推行的"绿色发展、循环发展、低碳发展"理念，在国际上提出的习持续施工概念基础上，引入建筑行业"绿色施工"控制措施，创新提出电网工程绿色建设，对绿色施工"四节一环保"核心要求进行了深入研究，从设计、施工、监理等多个方面，将"绿色、环保、可持续"的核心理念贯穿到电网建设的全过程，减少电网建设对环境的影响，推动电网建设向绿色清洁方式转变。

本书共分 4 章，第 1 章为电网工程绿色建设概述，第 2 章为电网工程绿色设计，第 3 章为电网工程绿色施工实践，第 4 章为绿色建设评价与管控。在 10 个附录中结合某一具体的 500kV 输变电工程，从变电、线路两个方面分别对绿色建设的各项具体措施执行进行了具体说明。

本书可供从事电网工程设计施工、监理专业技术、管理人员使用。

图书在版编目（CIP）数据

电网工程绿色建设管理 / 白林杰主编 . -- 北京：中国电力出版社，2017.6（2022.4 重印）
ISBN 978-7-5198-0873-0

Ⅰ . ①电… Ⅱ . ①白… Ⅲ . ①电网－电力工程－工程管理 Ⅳ . ① TM727

中国版本图书馆 CIP 数据核字（2017）第 131147 号

出版发行：中国电力出版社
地　　址：北京市东城区北京站西街 19 号（邮政编码 100005）
网　　址：http://www.cepp.sgcc.com.cn
责任编辑：高　芬（010-63412717）　安　鸿
责任校对：李　楠
装帧设计：张俊霞　张　娟
责任印制：邹树群

印　　刷：北京九天鸿程印刷有限责任公司
版　　次：2017 年 6 月第一版
印　　次：2022 年 4 月北京第四次印刷
开　　本：710 毫米 ×980 毫米　16 开本
印　　张：11
字　　数：164 千字
印　　数：2301—2800 册
定　　价：60.00 元

版 权 专 有　侵 权 必 究

本书如有印装质量问题，我社营销中心负责退换

编　委　会

主　　编　　白林杰
副 主 编　　任留通　　王新朝
审核人员　　魏东亮　　何晓阳　　张桂林　　付智江　　齐金定
　　　　　　董国防　　吕国华　　刘　勇　　荆　宇　　周文博
　　　　　　杨子强　　李　刚　　葛朝晖　　张许贺　　吴春生
　　　　　　武高峰　　靳健欣　　陈志宏　　徐　宁　　崔卫华
　　　　　　何子东　　张立群　　孙　涛　　杨　帆　　李晓清
　　　　　　古海滨　　边泽胜　　熊天军
编写人员　　段　剑　　刘靖峰　　李凤强　　刘　铭　　阴晨磊
　　　　　　张晏铭　　张　磊　　程　俊　　周世宇　　田青山
　　　　　　冯　超　　郑　明　　武　坤　　尹建清　　王记住
　　　　　　赵　杰　　李文斐　　肖魁欧　　魏毅强　　肖玉民
　　　　　　苏　轶　　霍春燕　　李建峰　　吴永亮　　刘　伟
　　　　　　宁江伟　　刘　哲　　赵世昌　　齐海声　　徐　娴

前　言

　　随着工业化、城镇化进程的加快，我国经济社会发展面临的资源约束和环境污染问题日益突出，环境治理、节能减排已成为刻不容缓的艰巨任务。面对日益严峻的资源、环境问题，"十三五"规划明确提出了：坚持创新发展、协调发展、绿色发展、开放发展、共享发展是关系我国发展全局的一场深刻变革。习近平总书记在十八大报告中也再次提出：要"坚持节约资源和保护环境的基本国策，坚持节约优先、保护优先、自然恢复为主的方针，着力推进绿色发展、循环发展、低碳发展"。

　　从1993年开始，国际上提出了可持续施工的概念，强调在建筑全生命周期中力求最大限度实现不可再生资源的有效利用，减小污染物排放、降低对人类健康的负面影响。因此，许多国家开始实施绿色施工。2010年，中华人民共和国住房和城乡建设部发布了GB/T 50640—2010《建筑工程绿色施工评价标准》，为绿色施工评价提供了依据。国家电网公司认真履行央企社会责任，围绕国家工作大局，努力践行绿色发展，提出"十三五"电网发展"创新、绿色、协调、开放、共享"理念，坚持走绿色发展道路，深刻认识电网功能和公司属性，制订实施绿色发展战略，努力推进自身、产业和社会的绿色发展，发挥电网功能和国家电网公司对产业和社会的带动力，服务经济社会可持续发展。

　　国网河北省电力公司积极响应国家绿色发展战略，落实国家电网公司绿色理念要求，在"无尘化"施工基础上，引入建筑行业"绿色施工"控制措施，结合国家电网公司模块化、机械化、装配式要求，对绿色施工"四节一环保"（即节能、节地、节水、节材和环境保护）的核心要求进行了深入研究，提出了电网工程"绿色建设"理念。

　　本书是以电网工程"绿色建设"为主线，内容分为4章，第1章概述了电网工程绿色建设理念、内容与成效，第2章介绍了电网工程绿色设计的目标、职责、要求等，第3章介绍了电网工程绿色施工实践，第4章介绍了绿色建设评价与管控。

　　本书的编写得到了国网河北省电力公司领导的大力支持。在编写过程中，编写组做了大量调研和研讨，力求本书内容规范、实用；许多专家也给出了建设性的意见，指导本书顺利完成，在此表示衷心的感谢。

　　由于电网工程绿色建设的应用研究尚浅，书中难免存在疏漏与不足之处，望读者给予批评指正。

编　者

2017年4月

目 录

1

电网工程绿色建设概述

1.1 电网工程绿色建设理念

1.1.1 电网工程绿色建设背景

国家电网公司作为社会节能减排的先锋与表率，围绕国家工作大局，努力践行绿色发展，提出"十三五"电网发展"创新、绿色、协调、开放、共享"理念，坚持走绿色发展道路，深刻认识电网功能和国家电网公司（简称公司）属性，制订实施绿色发展战略，努力推进自身、产业和社会的绿色发展，发挥电网功能和公司对产业和社会的带动力，服务经济社会可持续发展。

国家电网公司自 2008 年 1 月 1 日起，以"以人为本、环境友好、安全可靠、简洁适用，创新优化、节约资源"为原则，在系统内所有新建变电站通用设计的基础上，全面推广实施"两型一化"（即"资源节约型、环境友好型、工业化"）变电站建设工作。按照变电站的功能要求，进一步明确其工业性设施的功能定位和配置要求，实现变电站全过程、全寿命周期内"资源节约、环境友好"；降低变电站建设和运行成本，深化、完善变电站通用设计，倡导变电站工程绿色建设的方向，推进标准化建设，实现国家电网公司电网建设方式的转变。

国家电网公司自 2009 年 2 月 1 日起，在系统内所有新建线路工程通用设计的基础上，全面推广实施"两型三新"（资源节约型、环境友好型，新技术、新材料、新工艺）线路建设工作。建设"两型三新"线路，是国家电网公司贯彻落实科学发展观，履行社会责任的具体体现，是全寿命周期管理在电网建设中的具体实践，是基建标准化建设成果的一项重要内容；是加快转变公司和电网发展方式，大力实施集团化运作、集约化发展、精益化管理、标准化建设，提高线路建设效益和效率的有效途径。建设"两型三新"线路的目的是：贯彻全寿命周期管理的理念和方法，集成应用新技术、新材料、新工艺，满足输电线路功能可靠、各部分寿命匹配的要求，提高输电线路单位输送容量，减少线路走廊面积，降低寿命周期工程总体费用。2012年国家电网公司对相关内容进行了更新完善，组织编写了《国家电网公司输变电工程通用设备110（66）~750kV智能变电站一次设备（2012年版）》，对各类设备进行具体规范和智能化配置，深化基建标准化建设，为建设统一坚强智能电网奠定基础。

2011年5月27日，国家电网公司为深化智能电网建设工作，开展"两型一化"智能变电站示范工程设计建设工作，并要求：①站区总布置、建筑物设计应简洁、合理，户外变电站要取消主控制楼，仅保留二次设备间、综合用房等单层建筑；户内变电站要取消多余的辅助用房，合理控制建筑物层高，GIS室取消检修行车，除多回高压电缆出线外，其他区域取消电缆夹层。②系统设计应技术先进、功能整合。利用数据采集数字化和信息共享化，取消冗余功能器件、减少装置配置数量，提高装置集成度。通过集成整合，二次屏柜数量减少30%~50%。③优化设备布置，优化电缆路径规划，实现设备联系最优，材料最省。④通过优化集成，实现总体投资与常规变电站基本持平。

2011年7月27日，国家电网公司为规范智能变电站设计和建设工作，在现行变电站通用设计基础上，总结智能变电站科研、工程试点等成果，应用全寿命周期设计理念和方法，按照"节约环保、功能集成、配置优化、工艺一流"的总体思路，编制了《国家电网公司输变电工程通用设计110（66）~750kV智能变电站部分（2011年版）》［简称《智能变电站通用设计（2011年版）》］，并在公司系统全面推广应用，主要内容特色是：

（1）形成系统统一的设计方案，适应性强。根据智能变电站技术需求和特点，进行功能集成、系统优化，形成国家电网公司层面统一的技术导则和84个110（66）~750kV智能变电站通用设计方案，完全满足公司新建智能变电站建设需要。

（2）突出工业设施功能定位，优化集成设计方案。整合功能房间，优化配电装置尺寸、建筑面积及电缆沟截面等指标。加强功能整合，提高设备集成度，减少装置配置数量，最大限度实现资源节约、环境友好。

（3）实现标准化设计，降低工程投资。引导厂家逐步提高设备可靠性、经济性，实现设备制造标准化，降低工程全寿命周期整体成本。

2015年9月18日，为持续深化基建标准化，进一步提高电网建设能力，国家电网公司在现行《智能变电站通用设计（2011年版）》基础上，总结、吸收智能变电站模块化建设技术创新和实践成果，按照"标准化设计、工厂化加工、模块化建设"原则，编制《国家电网公司输变电工程通用设计110（66）kV智能变电站模块化建设（2015年版）》［简称《智能变电站通用设计（2015年版）》］，有效规范智能变电站建设，适应性强。按照国家电网公司"十三五"电网建设需要，梳理现行《智能变电站通用设计（2015年版）》，根据工程实际和技术发展，归并、优化，形成22个技术方案组合，涉及户外、户内形式，AIS、GIS等设备类型，满足公司系统110（66）kV智能变电站建设需要；高级应用功能模块化、定制化、标准化；采用模块化设计，提高建设质量、效率。系统设备高度集成，二次设备一体化设计、模块化配送，在工厂内完成规模生产、集成调试，有效减少现场安装、接线、调试工作。采用预制电缆、预制光缆实现设备间标准化连接，现场"即插即用"；建（构）筑物采用工厂预制技术，提高安全质量、工艺水平。统一建筑结构、模数、柱距、层高等，采用标准模块，形成标准化预制件，工厂化加工，现场机械化装配，减少现场"湿"作业。

1.1.2 电网工程绿色建设理念的提出

在国家电网公司大力建设绿色电网的号召下，国网河北省电力公司在认真贯彻落实国家电网公司要求基础上，对绿色施工"四节一环保"（即节能、节地、节水、节材和环境保护）核心要求进行了深入研究，制订了具有河北电力特色的绿色电网发展战略，提出了电网工程"绿色建设"理念，以"资源节约型、环境友好型、工业化"为目标，全面实施"三通一标"（即通用设计、通用设备、通用造价，标准工艺）、"两型三新"（即资源节约型、环境友好型，新技术、新材料、新工艺）、"模块化""机械化""装配式"等管理要求，推广应用新技术、新材料、新工艺，将"绿色、环保、可持续"的核心理念贯穿到电网建设的全过程，始终坚定不移地贯彻执行"四节一环保"要求，通过系统统筹管控，整体提升电网绿色建设发展水平，减少电网建设对环境的影响，推动电网建设向绿色清洁方式转变。

（1）推动绿色建设理念落地。编制了《国网河北省电力公司电网工程绿色建设管理导则》，突出设计、施工两个关键阶段，从可行性研究、初步设计开始，直至竣工、投产、后评价全过程的绿色建设要求，并在各电压等级工程全面推广应用，最大化实现"四节一环保"，减少对环境的影响。制订了不同电压等级工程施工图出图顺序，开展"绿色建设分步设计"，变电站围墙、防火墙、各种压顶等12类构筑物全部采用工厂化预制、装配式安装。在工程建设实践中，采用移动式全天候GIS安装厂房、植生混凝土、透水混凝土材料、降噪隔音防火墙以及"六级"无尘化施工管理、被动房技术等措施，推动绿色建设理念在工程现场有效落实到位。

（2）建立绿色建设长效机制。国网河北省电力公司制订下发了《绿色建设管理策划方案》及绿色建设考核评价表，各设计、施工、监理单位分别编制绿色建设管理策划文件，结合项目部综合评价及日常检查对策划文件中的内容执行情况进行检查，督促工程现场全面贯彻落实。计划在"十三五"电网建设过程中，全面推进电网建设向绿色清洁方式转变，构建绿色建设长效实施保障机制。同时设立工程绿色建设专项考核金，在每项工程开工前、过程中、竣工后三个阶段进行绿色建设评价，确保将绿色建设各项要求在工程建设全过程落到实处，推动电网建设向绿色清洁方式转变。

1.2　电网工程绿色建设内容

1.2.1　绿色建设目标

绿色建设是可持续发展理念在电网建设发展全过程中的具体体现，是将绿色发展理念作为一个整体运用到电网建设中去，针对整个过程进行科学的绿色策划、绿色设计、绿色施工和绿色监理，建设成更少破坏环境、更集约利用土地、更少消耗一次能源的全寿命周期经济社会效益最佳工程。根据国家电网公司的相关要求，结合当地环境，制订电网工程绿色建设目标。

（1）安全质量零事故，取得环境影响评价（简称环评）报告，环境保护（简称环保）、水土保持验收通过率为100%，安全管理评价得分≥90。

（2）标准工艺应用率100%，通用设计应用率为100%；变电站设计控制边角余地比例不超过15%，220kV变电站施工临时占地不超过70m×60m；220kV线路设计曲折系数控制在1.15以下，每千米杆塔数量控制在3.2基；每基基础组塔临时占地不得超过666.67m²；每千米张牵场用地不得突破333.3m²。

（3）临时设施重复利用率≥70%，建筑施工环保材料采用率≥60%；500km范围内地材使用率大于70%；永久建筑、临时建筑节水节能产品应用率≥95%。

（4）低损节能型施工机械和小型机具能效等级符合率为100%。

（5）施工及办公过程中固体废弃物分类堆放处置，处置率≥96%；污水排放合格率为100%，基础回填及植被修复完好率为100%；安全文明施工设施标准化配送率为100%；劳动保护用品配置率为100%；施工噪声：昼间≤70dB，夜间≤55dB。

1.2.2 绿色建设管理体系

为确保绿色建设各项工作纳入项目日常管理体系，促成各项措施要求在纵、横两个层面实现全覆盖，做到明确工作任务、明确工作标准、明确责任人、明确完成时间"四个明确"，成立工程绿色建设领导小组和工作小组，具体负责工程绿色建设的组织、策划、实施和考核评价。

（1）绿色建设领导小组组织机构如图1-1所示，具体为：

组长：基建主管领导

副组长：建设部主任、主管副主任（外聘专家）

成员：建设部安全专责、质量专责、技术专责、协调专责，建设部业主项目经理，设计院主管院长、项目设总、施工单位主管经理、施工项目经理，监理单位地区总监、现场总监代表。

绿色建设领导小组职责：明确地区绿色建设的发展方向；协调解决设计、施工中出现的重大问题；针对国家、行业、企业下发的标准，制订现场实施细则。

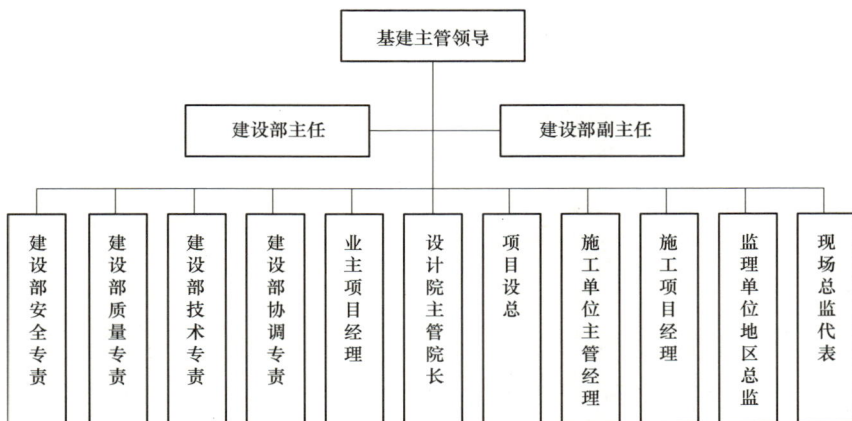

图 1-1　绿色建设领导小组组织机构图

（2）绿色建设工作小组组织机构如图 1-2 所示，具体为：

组长：业主项目经理

副组长：项目设总、施工项目经理、现场总监代表

成员：业主项目部安全员、质检员、技术员、造价员；监理项目部安全员、质检员、技术员、造价员；施工项目部总工、技术员、安全员、造价员、材料员。

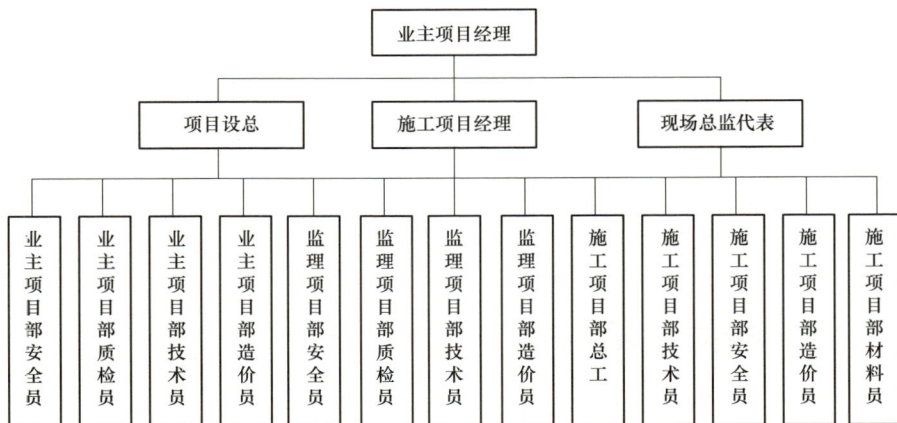

图 1-2　绿色建设工作小组组织机构图

绿色建设工作小组职责：贯彻落实领导小组做出的各项决策部署；结合国家、行业、企业及地方要求，制订工程项目"四节一环保"方针、目标、

措施，并宣贯执行；对工程建设过程中发生的方案变更、措施调整，重新进行"四节一环保"评估；结合项目特点，辨识、确定绿色建设关键管控点，并组织人员监督、见证；按照评价考核办法开展分阶段的绿色建设考核评价，并根据考核评价结果出具结算意见。

施工项目部应制订本工程的绿色建设目标，核定施工期内能源，资源消耗的总量指标，并将总量目标分解到施工区、生活区、办公区，作为控制指标。

施工项目部应建立绿色建设施工工作小组，其组织机构如图1-3所示，明确责任人和工作职责，施工工作小组应由总包单位项目经理任组长，施工工作小组成员应包括：

1）项目技术负责人和主要分包单位项目负责人。

2）施工项目部技术、安全、质检、材料、资料、造价等专职管理人员。

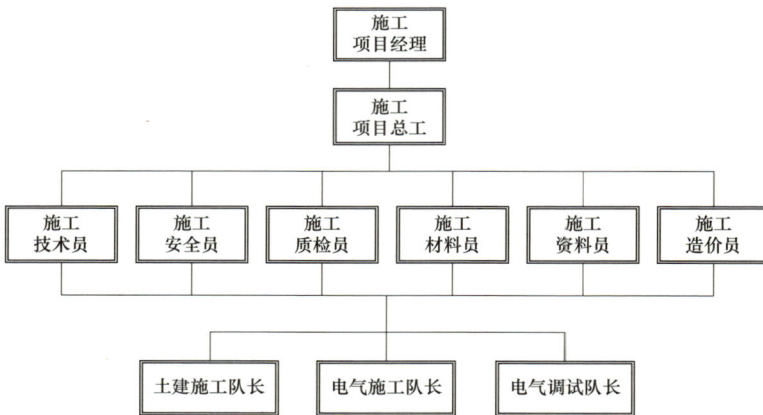

图1-3 绿色建设施工工作小组组织机构图

1.2.3 绿色建设具体内容

（1）参建的设计、业主、施工、监理单位开工前编制绿色建设策划方案。

（2）合理规划线路走径、精准开展选站选线工作。

（3）变电站采用典型设计方案，发挥设备集成、集中布置优势，减少变电站占地。

（4）合理确定代表档距，压减单公里线路铁塔基数。

（5）有序推进变电站工程 BIM（building information modeling，建筑信息模型）设计及被动房应用技术。

（6）积极采用有组织排水设计。

（7）逐步实现临时建筑与永久建筑联动设计。

（8）深入推进通用设备"四统一"（统一技术规范、统一电气接口、统一二次接口、统一土建接口）应用，逐步消除设计变更。

（9）将临建搭设纳入统一设计，按照"布局合理、功能实用、安全可靠、费用节约"的原则，落实职业健康安全、"四节一环保"等方面要求，从防灾避险、人员容纳、生活资源、绿化方案、汛期排水、污水排放、垃圾处置、临时用电、道路规划、人员出行、复耕影响等方面综合考虑，开展工程临建设计。

（10）精选标准工艺，提升现场洁净程度，在变电站建设过程中实施移动式全天候 GIS 安装厂房、"六级"无尘化施工管理措施。

（11）推动变电站模块化建设、线路机械化施工；最大程度减少施工临时占地；全面应用预制件；积极采用节能电器、植生混凝土、透水混凝土、降噪隔音防火墙等环保设备、材料。

（12）严格按照绿色建设管理导则明确的出图顺序交付施工图纸；细化施工图描述，实现绿色施工由"自由模式"向"规范模式"的良性转变。

（13）明确绿色监理目标与"四节一环保"相关的管理、跟踪、见证、验收措施相一致，确保绿色建设理念、措施逐级传递不衰减，各项要求纵向贯通落实到各层级；总结、评价建设成效，提出改进措施，指导后续工程绿色建设有效开展等。

1.3　电网工程绿色建设成效

国网河北省电力公司在认真贯彻落实国家电网公司要求基础上，紧紧抓住特高压规模化建设的历史机遇，以特高压工程为示范，带动电网工程绿色建设整体水平提升。以 1000kV 石家庄变电站为例，经优化方案后，站区围墙内总占地面积从可行性研究方案的 15.06hm^2 减少到 12.98hm^2，减幅比例达到 13.8%，站址的总用地面积也从最初的 16.24hm² 优化为 14.49hm²，节约 1.76hm² 地。为了节约用地，将以往建在站外的材料站，挪到了站内不影响施工的扩建区，生活区全部改为二层楼，又节约 1.21hm² 地。提前建成污水处理井，施工过程中可以循环使用收集处理的污水，省水又环保；施工后期埋入地下的土工布，提前赊入，施工阶段代替密目网敷设在地表，既节省了密目网，又有效提高了抑尘效果；优化主控楼节能环保方案，国内首次应用被动房设计建筑，利用自然通风、自然采光、太阳辐射，实现楼内恒温、恒湿、无霾的环境。虽在建设过程中费用会有少量增加，但是使用过程中，空调电费支出将大幅下降，经济上很划算，再加上新风系统的引入，室内环境是一般建筑无法企及的。1000kV GIS 安装是站内施工最重要的工序，为了达到防尘效果，创新引入喷淋装置的无尘化安装车间，安装环境得到有效改善，绿色建设成效显著。

2

电网工程绿色设计

工程设计要以电网工程建设全寿命周期管理为主线，通过加强设计管理培训，提高各级设计管理人员对公司相关管理标准、工作标准、技术标准、新技术应用的执行能力，整体提高设计执行能力、创新能力和设计质量，确保工程设计深度与质量。进一步细化和完善设计合同条款，严格执行输变电工程可行性研究、初步设计、施工图设计等各阶段设计，满足各阶段工作内容深度要求，充分掌握生产运行经验和运行单位意见，加强工程勘察、现场踏勘，全面收资。加强施工阶段的设计管理与协调，提高设计单位现场服务水平。全面执行电网工程绿色建设管理导则和电网建设管理提升50条指导意见，落实"四节一环保"各项要求，从设计源头贯彻"绿色、环保、可持续"的建设理念，为电网工程绿色建设发展构建坚强载体和支撑平台。

2.1 绿色建设设计目标

结合国家绿色发展理念，围绕绿色建设提出设计具体目标：

（1）在工程设计中，设计单位要以绿色建设为导向，推动变电站模块化建设、线路机械化施工。

（2）发挥设备集成、集中布置优势，减少变电站占地。

（3）最大程度减少施工临时占地。

（4）有序推进变电站工程 BIM 设计。

（5）全面应用预制件。

（6）积极采用有组织排水设计。

（7）精选标准工艺，提升现场洁净程度。

（8）逐步实现临时建筑与永久建筑联动设计。

（9）积极采用节能电器、环保材料；对工程临建设施进行系统设计。

（10）精准开展选站选线工作。

（11）合理确定代表档距，压减每千米线路铁塔基数。

（12）严格按照绿色建设管理导则明确的出图顺序交付施工图纸。

（13）深入推进通用设备"四统一"应用，逐步消除设计变更。

（14）细化施工图描述，实现绿色施工由"自由模式"向"规范模式"的良性转变。

2.2 绿色建设设计职责

根据绿色建设相关要求，结合设计人员相关责任制度，确定绿色建设设计应遵循的具体职责：

（1）按照国家现行有关标准和建设单位的要求，将绿色建设技术和管理要求，落实到设计文件中；协助、支持、配合施工单位做好绿色施工。

（2）结合工程特点，测定、明确绿色建设各项指标控制值，编制工程绿色施工强制性和保障性措施，为有序开展绿色施工提供标准依据。

（3）在初步设计文件、初步设计汇报短片中以专篇或专门章节阐述绿色设计理念和方案措施。结合工程特点，编制绿色设计要点方案，并作为指导工程开展绿色设计的纲领性文件。将绿色设计的理念、标准和措施落实在各阶段设计文件中，结合出图进度和设计交底进展情况，将绿色设计的理念、技术措施、管理要求等向施工单位、施工项目部进行交底。工程竣工一个月内，提交绿色设计工作总结，对项目建设成效、经验以及不足进行系统论述，提出改进措施，指导后续工程绿色设计有效开展。

（4）进一步优化设计方案，在各阶段设计工作中落实"绿色发展理念"，实现工程施工图纸的分步设计。

2.3　绿色建设设计总体要求

在基本电网设计原则基础上，深化设计"绿色"深度，采用新技术、新材料、新工艺，加强绿色设计，在设计源头把控总体要求，具体内容如下：

（1）推动和加快变电站模块化建设进展，结合地域特点，合理选择变电站典设方案，充分发挥设备集成、集中布置优势。

（2）结合工程地形地貌综合选定站址标高，必要时采取阶梯式布局，减少土方挖填量，减少护坡、挡土墙体积，压减或取消强夯约束区，推动作业控制线与征地控制线"两线合一"工作进程，最大程度减少施工临时占地。

（3）有序推进变电站工程三维设计，利用三维虚拟构建技术，完成建筑、安装材料精准测算，实现批量梁、板、柱预制加工，提前消除管线冲突、基础冲突，实现墙、地面贴铺砖整模化，消除设计变更，优化工序衔接，压减单位工程人、材、机能耗指标，整体提升工程建设效益。

（4）在设计文件中要明确：变电站采用装配式围墙，装配式防火墙，电缆沟、油池等压顶，电缆沟盖板，散水，架构基础保护帽，灯具、摄像头、配电箱等小型设备基础等，采用预制基础；变压器、GIS 等设备基础，使用商品混凝土浇筑，减少现场搅拌扬尘。

（5）结合工程实际情况，积极采用有组织排水设计，杜绝雨水散排漫淹农田。站内设计雨水收集井，便于施工期间利用雨水开展现场降尘，便于运行期间利用雨水冲洗设备。

（6）精选标准工艺，控制地面、墙面起沙，整体提升现场洁净程度，为 GIS 及主变压器安装创造良好施工条件。

（7）加快全范围设计进展并逐步实现临时建筑与永久建筑联动设计。利用空间差、时间差，错位和穿插安排项目部、加工区等临时建筑，发挥总体设计优势，减少重复占地和重复投资。

（8）结合工程所在地的气候特点和气象条件，对建筑物的朝向和布局进行设计优化，积极采用节能电器、环保材料，减少水、电和其他一次能源耗费。

（9）对典型设计方案配套的临建设施进行系统设计，通过选用由高效保温隔热材料制成的复合墙体和屋面，降低采暖或制冷引起的能源耗费。

（10）着眼全局精准开展选站选线工作，结合配电网建设发展确定线缆沟朝向，缩短电缆转接长度，控制线路曲折系数不超过 1.15。

（11）线路设计结合杆塔综合承载力，合理确定代表档距，压减单公里线路铁塔基数，减少土地占地及钢筋、水泥等建材消耗，提升线路工程建设综合效益。

（12）以实现绿色施工为导向，配合变电站和线路建设时序安排，对变电站和线路工程设计出图顺序进行规范和明确（详见附录 A ~附录 F ）。

（13）深入推进通用设备"四统一"应用，加强对设计、设备采购、设联会、监造验收、现场安装、评价改进 6 个环节的管控，确保厂家返资与设计图纸一致、到货实物与设计图纸一致、基础尺寸方位与设计图纸一致，消除设计变更，杜绝返工浪费。

（14）进一步细化施工图描述，将国家法律法规、行业规程规范和企业制度标准关于绿色施工的相关要求落实到施工图上，实现绿色施工由"自由模式"向"强制模式"的良性转变。

2.4 绿色建设设计实施要求

2.4.1 节约土地与土地资源保护

在设计阶段，对提高土地利用的集约化程度明确以下几点要求：

（1）在确定接入系统方案及规模时，应根据节约环保性要求，远近结合，综合考虑节约土地、合理使用土地。结合站区四周丘陵地貌特点，开展站区台阶布局设计，做好土方挖填平衡，减少土方平整临时占地。变电站设计应严格落实智能变电站模块化建设要求，全面应用国家电网公司编写的《智能变电站通用设计（2015年版）》。在此基础上，结合工程实际，合理优化总平面布置，减小变电站占地面积；站址选择应不占或少占耕地和经济效益高的土地，合理确定站址落位，减少代征地面积；优化站区竖向设计，合理确定站内外高差。优化挡土墙截面设计，减少围墙外占地面积，对于扩建工程，宜在原有场地范围内建设，不应重新征地。

（2）优选进站道路，合理确定路宽，减少道路占地。有条件的城区变电站可利用城市道路作为变电站交通组织的一部分，减少护坡、挡墙、排水沟等设施占地，减少边角地，节约土地资源。

（3）临时建筑与永久建筑一并设计，利用作业工序时间差、空间差，合理布控材料加工区，减少临建用地。

（4）变电站不设置独立站前区和绿化等场地，提高场地利用系数。建筑平面布置应分区明确、紧凑规整，提高建筑面积使用率。建筑设计应按需求配置房间数量和大小。无人值守变电站辅助及附属用房仅设置资料室、安全工具间和卫生间。

（5）站内电缆沟、管布置在满足安全及使用要求下，应力求最短线路、最少转弯，可适当集中布置，减少交叉。不宜设置电缆支沟，宜采用埋管结合电缆井方式。避雷针宜与架构、建筑物等联合设置。

（6）电气主接线应在满足可靠性和灵活性的前提下，结合工程实际，优化接线型式，降低工程投资、减少用地面积、减小电能损失。配电装置采用GIS、架空出线时，可采用双层出线、三角形出线等布置形式，压缩配电装置横向尺寸。

（7）在满足系统条件运行的情况下，应加大无功功率补偿装置分组容量，减少分组数量，减少设备占地面积。户外变电站宜利用配电装置附近空余场地，就近布置预制舱式二次组合设备。

（8）利用地势优化布置线路塔基位置，压减线路塔基数量，减少塔基永久占地。

（9）按照系统远期规划，综合考虑远近期线路走廊预留和交叉跨（穿）越地点；新建线路与已有线路尽量保持平行，控制两者间的距离，节省土地占用。

（10）线路路径方案从节约占用土地，充分利用走廊资源的角度出发，对路径方案进行多方案技术经济比选，减少对地方规划和建设的影响。

（11）路径选择宜根据具体情况采用全数字摄影测量系统、三维数字地图、卫星影像、激光雷达三维测绘等新技术，缩短路径长度，减少对耕作土地的占用。

（12）通过综合比较建设成本、运行成本和社会成本，优化线路走向和宽度，合理采用同塔双（多）回、紧缩型等技术，压缩线路走廊，提高线路走廊利用率。

（13）城区及城郊塔位用地紧张的线路宜采用钢管杆、钢管塔、窄基塔等杆塔，220kV 及以上线路工程优先采用窄基塔，减少对土地的占用。

（14）通道紧张、走廊拥挤地区，宜采用 V 形绝缘子串塔头布置型式，压缩走廊宽度，节约走廊占地。城市电缆地下通道规划应纳入地方政府城市规划，与城市总体规划相结合，与各种市政管线和其他市政设施统一安排。结合远期出线规划，电缆隧道（排管）内电缆预留应统筹考虑，节省电缆走廊占地。综合考虑建设成本，塔基不占或少占耕地和经济效益高的土地。

（15）开展机械化施工设计，按照永久道路和临时道路相结合的原则布置，压减单位线路建设周期，减少作业占地。

（16）在地下水位较浅的地区如沿海地带，基础采用灌注桩较常规开挖基础经济技术指标综合较优时，通过专题论证后可采用灌注桩基础型式，节省土地占用。

2.4.2 节水与水资源利用

在设计阶段，对提高水资源利用效率明确以下几点要求：

（1）应根据工艺要求，合理控制建筑物的层高和体积、火灾危险性类别，以满足不设或少设消防给水系统，减少变电站用水量。变电站供水宜引接市政或村镇给水管网，减少地下水开采。变电站给水系统的安全可靠性应符合 DL/T 5143—2002《变电所给水排水设计规程》的规定。

（2）站内宜设置雨水收集设施，收集建筑物屋面和场地雨水，用于临时用水和场地冲洗。在专项绿色设计方案中明确分类用水计划，混凝土浇筑、水泥砂浆搅拌混合应采用一次清洁水源；现场降尘、花草养护、车辆冲洗等采用循环再利用水。站区雨水、生活污水采取分流制排放；场地雨水采用有组织方式，避免散排淹没农田。

（3）临时建筑与永久建筑统一采用节水洁具，水网络进行密封压力试验，消除管道渗漏引起的水资源浪费。

（4）线路工程优先采用预拌混凝土。可设置混凝土搅拌站，实现混凝土集中搅拌；对于商品混凝土购置、运输方便的地区，宜采用商品混凝土。在获取水源困难的地区积极采用装配式基础，减少现场浇筑用水量。

2.4.3 节能与能源利用

在设计阶段，对提高能源利用率明确以下几点要求：

（1）主变压器、电抗器、站用变压器等设备应选用节能产品，以降低变压器的铜损和铁损，降低能量损耗；对新建设的主变压器的感性无功功率，通过在其低压侧安装电容器，解决无功功率就地平衡问题，降低网损。

（2）全站主要生产及辅助房间设置均设置分体空调，空调能效等级不低于二级。设备间采用自然进风、机械排风方式，其余房间均采用自然通风，从而降低能耗。

（3）全站灯具选用环保节能型灯具，节省电能，实施绿色照明。合理设计灯具，在满足照度要求的前提下，减少灯具的数量。

（4）室外主干道两侧安装太阳能路灯，施工现场照明镝灯采用光控＋时控＋分区域控制相结合的方式进行控制，避免因忘关电源而造成的能源浪费。

（5）建筑物积极推广新型节能环保建筑材料，在设计过程中，重视建筑节能设计，使墙体的传热系数减小，降低建筑能耗，减少采暖负荷，降低工程造价。充分利用自然采光和自然通风，采用节能型门窗，提高建筑物的保温、隔热性能，确保单位建筑面积的能耗达标。

（6）为确保建筑设计节能，采暖专业对建筑物耗热量指标进行核算，并协助建筑专业修改设计，以满足建筑节能设计标准的规定。在设计空调系统时进行详细的冷负荷计算，确定系统的合理规模。房间空调设备按设计冷负荷合理选取，并能满足有效进行分室温度控制的要求。房间采用分散式空调器，选用了"中国能效标识"（CHINA ENERGY LABEL）2级及以上的节能型空调器，同时室外机的设置充分考虑了夏季冷凝热排放条件，以防止热污染和噪声污染。

（7）线路工程实际从导线选型、选择导线截面积和分裂型式、工程造价等方面综合比选，全面推广节能导线应用，进行综合技术经济比较后选择最优方案。合理选择电缆截面积、导体材质，优化电缆敷设方式及排列方式，降低电力电缆损耗。

（8）全面采用节能金具，如铝合金悬垂线夹、节能型防振锤、节能防电晕铝管笼式跳线等。

（9）避免形成感应电流通路，降低线路长期运行的能耗，220kV及以上交流线路宜采用耐张段一点接地的绝缘地线运行方式。合理选择杆塔接地装置，降低杆塔接地电阻，选用适宜的接地材料及接地型式，注重防腐处理，延长使用寿命。

2.4.4 节材与材料资源利用

在设计阶段，对提高材料利用率明确以下几点要求：

（1）全面应用装配式建、构筑物，加快推进模块化建设。

1）对于装配式建筑物，按照国家电网公司输变电工程通用设计成果开展设计。35～110kV新建变电站建筑物全面采用钢结构，梁、柱采用热轧H形钢，屋面板采用压型钢板为底模的现浇板，外墙采用压型复合钢板，内墙采用石膏板，实现建筑物装配式建设。220～500kV新建变电站按照国家电网公司要求逐步实行。

2）对于装配式构筑物，按照标准化预制件工艺设计方案等要求开展设计，全面应用装配式围墙、装配式防火墙、装配式电缆沟、主变压器油池预制压顶、电缆沟预制压顶、围墙预制压顶、灯具预制混凝土基础、预制混凝土散水、预制电缆沟盖板、电缆沟过水板、雨水井、检查井等 12 类标准化预制件，不断拓宽预制件应用范围和种类。

3）对于标准工艺应用，设计单位在施工图设计中要全面应用国家电网公司标准工艺，并严格执行标准化预制件工艺设计方案，全面应用端子箱基础、混凝土保护帽、踏步、坡道、建筑门、窗、建筑物钢梯及护笼、建筑物外墙、室内接地、卫生器具 10 类统一规范。

（2）设计应编制质量保证计划，严格执行强制性条文、国家、行业、地方标准规范，图纸设计要做深、做细、做精，加强质量控制，严格防止工程建设中因设计原因出现变更，造成返工和材料、资源浪费。

（3）电气主接线在满足初期运行及过渡扩建过程中变电站的可靠性、安全性、灵活性及经济性要求前提下，应力求简单，以节省一次设备和二次设备。

（4）一次设备宜高度集成测量、控制、状态监测等智能化功能。智能终端、合并单元与一次设备本体采用一体化设计，取消冗余回路，简化元器件配置。

（5）设计对变电站的光缆、电缆进行整合优化，尽可能统一光缆、电缆的型号，优化光缆、电缆走向，进一步节省光缆、电缆数量。

（6）在规划可行性研究设计阶段，按照全寿命周期效益最大化的原则，按 40 年使用寿命设计要求，合理选择导线、地线的型式和截面积。

（7）优化线路路径方案，减少转角个数，缩短路径长度，降低工程材料用量指标，综合比较建设成本、运行成本和社会成本，采取同塔双（多）回路架设，减少工程塔材整体用量。

（8）输电线路铁塔材料质量等级应满足不低于 B 级钢的基本要求，对应结构的连接型式和工作温度确定钢材的质量等级。积极采用 Q420 及以上高强钢和 L200 以上的大规格角钢，进一步减少铁塔钢材耗量。

2.4.5 环境保护

在设计阶段，对环境保护明确以下几点要求：

（1）变电站进出线应设计合理，线路路径规划合理，要充分利用原有线路，减少占地对周围农作物、自然植被等影响，实现对环境影响的最小化。

（2）充分结合当地地形地貌，综合选定站址标高，最大化的减少土方平衡量，减少土方平整造成的尘土污染，有力保护当地生态环境。

（3）工程充分采用装配式建（构）筑物和预制件，减少现场施工作业造成的尘噪污染。

（4）工程设置污水处理装置，排放污水应满足国家二级排放标准。

（5）室内装修材料和产品的有害物含量，必须满足 GB18580—2001《室内装饰装修材料 人造板及其制品中甲醛释放限量》、GB 18581—2009《室内装饰装修材料 溶剂型木器涂料中有害物质限量》、GB 18582—2008《室内装饰装修材料 内墙涂料中有害物质限量》、GB 18583—2008《室内装饰装修材料 胶粘剂中有害物质限量》、GB 18584—2001《室内装饰装修材料 木家具中有害物质限量》、GB 18585—2001《室内装饰装修材料 壁纸中有害物质限量》、GB 18586—2001《室内装饰装修材料 聚氯乙烯卷材地板中有害物质限量》、GB 18587—2001《室内装饰装修材料 地毯、地毯衬垫及地毯胶粘剂有害物质释放限量》的要求，减少对周围环境的有害气体污染。

（6）主变压器宜选用优质硅钢片、低噪声风机、低速油泵以降低本体噪声。主变压器宜布置于站区中央，合理利用建、构筑物的隔声作用，减小对周边环境的噪声影响。

（7）SF_6 设备选型应符合 DL/T 617—2016《气体绝缘金属封闭开关设备技术条件》的有关规定，并确保 SF_6 气体的低毒特性。SF_6 设备在户内布置时，应装设气体泄漏在线监测装置。

（8）线路路径选择时，避开原始森林、自然保护区和风景名胜区、生态脆弱区、固定半固定沙丘区、国家划定的水土流失重点预防保护区和重点治理成果区，最大限度地保护现有土地和植被的水土保持功能。

（9）线路路径应尽量避免通过民房密集区域，避免拆迁大量民房；塔基不占或少占用草地、耕地和经济效益高的土地，防止水土流失和土地沙化。为最大限度地减少对原状土的扰动，减少土石方开挖，防止水土流失，优先采用原状土基础，保护周边自然生态环境。

2.4.6 绿色建设临建设计

临建设计和安全文明施工措施的标准化是实现绿色施工，是展现建设管理单位项目管理水平和实力的一个窗口，可直接带动项目管理体系、安全文明施工保障体系不断完善，提升企业内在管理水平和外在整体形象。

按照标准化和模块化方式，统一公司变电站工程现场临建设计标准，提供大门和围墙、会议室、办公室、综合室、资料室、卫生间、办公区地面及绿化、停车位等模块化设计标准，方便组合选用，保障临建设计标准实施的可操作性。

在工程初步设计阶段，建设管理单位、设计单位、属地公司等根据标准占地面积，进行现场勘查，明确临建占地范围和位置。设计单位要按照公司临建设计标准要求，围绕"布局合理、功能实用、安全可靠、费用节约"的原则，落实职业健康安全、"四节一环保"等方面要求，应在综合考虑防灾避险、人员容纳、生活资源、绿化方案、汛期排水、污水排放、垃圾处置、临时用电、道路规划、人员出行、复耕影响等方面内容后，开展工程临建设计。

初步设计批复后，设计单位按照审定的工程临建费用概算，完成临建施工图设计。承建单位按图施工，确保临建费用专款专用，保证质量，有效提升工程现场安全文明氛围和企业形象。

1. 项目部驻地建设设计

（1）临建保温板导热系数不大于 0.03W/（m·k），保温性能为混凝土的 30 倍；门窗气密性能 2 级，水密性能 2 级，窗户宜采用塑钢中空玻璃节能窗，传热系数不大于 2.8W/（m^2·K），满足采光和节能的要求。

（2）建筑物外墙、内墙无须二次装修，地面采用贴砖或水泥地面，室内全部进行石膏板吊顶。卫生间、洗漱间、厨房采用 PVC 扣板吊顶，主体及装修材料可回收重复利用，节省装修装饰材料。

（3）临建应使用绿色环保性装修材料，每 100g 中的甲醛释放量不大于 9mg，满足国家强制性标准 GB 18580 ~ GB 18587 的各项要求。

（4）临建用水器具均选用节水型产品，大便池采用脚踏式开关，其他器具采用感应式开关。

（5）临建电缆在满足工艺要求下尽量浅埋或穿管明敷，减少土方开挖量。

（6）给水部分采用 PP-R 管，热熔连接；排水部分采用 U-PVC 自流排水管，粘接；阀门采用球阀、逆止阀；水表采用旋翼式水表；各产品密封性好，节水效果显著。

（7）采暖采用分体式节能空调和电采暖方式，减少粉尘污染。空调采用制冷能效等级不低于 2 级的无氟变频空调，减少对大气环境的危害。

（8）积极选择自然能源，洗浴间采用太阳能热水器，节能降耗。

2. 场地硬化、绿化设计

临建区域地形较平坦、开阔，交通便利。场地硬化为项目部、料场等。硬化前先进行基底处理，地基压实系数不小于 0.94，同时应做好地面的防水、排水和防渗处理。有条件时，在硬化区域实施植树绿化。场地硬化和绿化设计如图 2-1 所示。

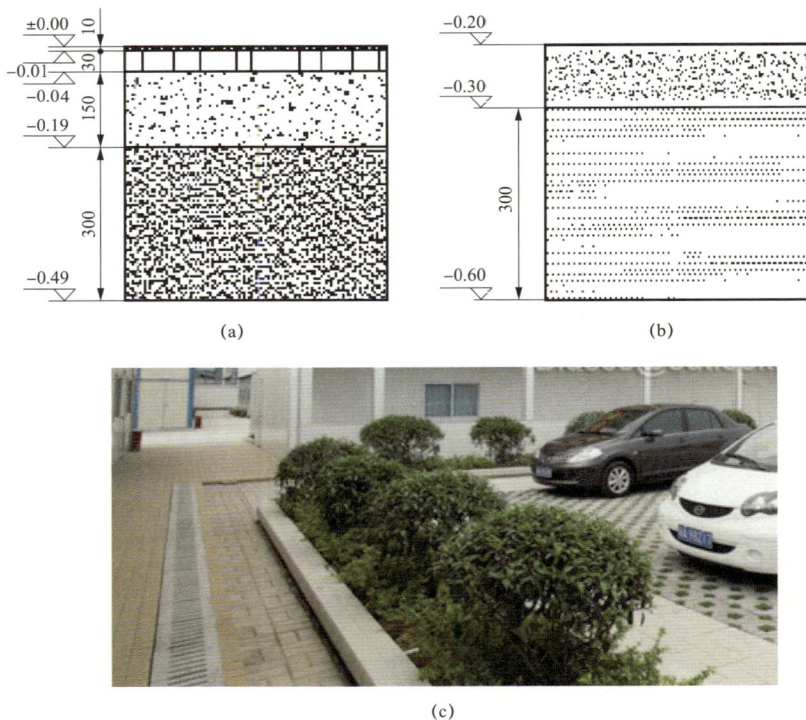

(a)　　　　　　　　　　　　(b)

(c)

图 2-1　场地硬化和绿化设计图

（a）筑内地面做法设计图；（b）室内地面设计图；（c）局部绿化图

3. 施工给排水设计

施工用水和生活污水考虑永临结合的设计方式，临建区不设置单独的给排水系统，直接与站内深井和污水处理池连接，既节能、节材、节地，又避免污染环境。

4. 安全监视设计

除厨房外的所有房间全部安装独立的烟感火灾报警器。一旦检测到烟雾浓度超过限量时，烟感发生声光告警并输出告警信号，避免火灾事故可能造成的人身及财产损失。

临建场地及站区配置一套视频监视系统，可监视施工现场料场区的设备及材料安全，避免可能发生的材料被窃事件。

5. 消防设施设计

临建的消防采用手提式干粉灭火器，轻便环保，不会对环境造成污染，同时配备必要的消防工具箱。

6. 其他临时设施设计

（1）环保设施：为满足施工环保要求，在施工驻地、搅拌站等区域内设置沉淀池、污水处理池及垃圾回收站。

（2）对施工、生活废水进行净化处理达标后排放，生活垃圾、施工废渣定点堆放在垃圾回收站内，定期运往垃圾处理场或当地环保部门指定地点处理。

（3）严禁将垃圾和生活、施工废水随地排放，避免污染环境，保持生态平衡；完工后及时恢复植被，确保工程所处的环境和沿线水域不受污染和破坏。

2.4.7 绿色建设分布设计

绿色建设分步设计以设备合同签订为分界点，将施工图设计划分为工程初步设计批复至设备合同签订阶段与设备合同签订后两个阶段。

1. 绿色建设分布设计第 1 阶段：工程初步设计批复至设备合同签订

依据工程初步设计文件批复，应用通用设备"四统一"要求，完成第一阶段施工图设计，图纸包括"四通一平"（施工现场水通、电通、路通、通信要通；一平是施工现场要平整）、动力照明、防雷接地等卷册。保证站内首层路面施工前，完成电缆沟、管道敷设，满足绿色施工要求。

2. 绿色建设分布设计第 2 阶段：设备合同签订后

完成设备技术"四统一"复核，根据厂家设备技术资料完善专业间补充资料，开展第 2 阶段设计。

（1）首先根据"四统一"复核结果，完成全站架构施工图，进一步根据工艺专业资料完成其他相关土建卷册设计图纸。

（2）电气与土建施工密切相连的卷册，如全站防雷接地与土建卷册应同期完成；确保主接地网及设备引下线敷设衔接紧密，结合土建基础施工，一次开挖，全部完成，避免土建专业二次开挖。

（3）建筑电气图纸、火灾报警及智能辅助系统部分设计图纸在站内建筑物施工前也应及时提供，建筑同期施工。

（4）最后完成电缆敷设及电缆防火卷册设计，以便施工单位及时采购电缆支架。

3

电网工程绿色施工实践

随着可持续发展、绿色发展理念的不断深入，绿色建设技术已越来越广泛地被采纳和运用。通过在电网工程建设施工全过程中切实、全面地贯彻绿色理念，选用新技术、新工艺和新材料，或者通过对传统材料进行非传统的处理和利用，采取有效的"四节一环保"措施，不但可以实现电网自身的可持续发展，而且能够取得良好的经济、社会和环境效益。

为了确保绿色施工在电网工程建设中落地并取得显著成效，在电网工程建设过程中，大力宣传绿色施工的理念和意义，全面提高各级管理和施工人员的绿色施工意识；严格落实绿色施工的各项措施，以"四节一环保"为主线，将"绿色、环保、可持续"理念贯彻于电网工程建设全过程、全寿命周期内；采取科学有效措施，最大限度地节约资源、保护环境、减少污染，与自然和谐共生，实现节能、节材、节水、节地、环保的绿色建设目标。

3.1　绿色施工管理职责

为最大限度实现劳动用工的科学配置，有效防止因职务重叠而发生的工作扯皮现象，提高工作效率和工作质量，规范操作行为，明确具体绿色施工管理职责：

（1）施工项目部是电网工程绿色建设实施主体，负责将绿色建设管理要求落实到工程建设过程中。

（2）施工项目部组织编制《绿色施工管理方案》，经监理项目部审查、业主项目部批准后执行。

（3）绿色施工组织设计、绿色施工方案或绿色施工专项方案编制前，应进行绿色施工影响因素分析，并据此制订实施对策和绿色施工评价方案。

（4）在施工过程中，严格落实绿色建设管理控制措施，不断总结经验，改进措施，稳步推进现场绿色施工实现常态化。

（5）结合工程特点，有针对性地对绿色施工做相应的宣传，通过宣传营造绿色施工的氛围。

3.2　绿色施工方案制度

项目开工前，施工项目部应根据"四节一环保"目标及工程特点编制绿色施工专项方案，明确实现目标的管理措施与技术措施。专项施工方案经监理项目部审核后报业主项目部批准；专项方案的内容应包括：

（1）工程概况。

（2）编制依据。

（3）施工阶段"四节一环保"目标与指标。

（4）绿色施工组织机构及相关职责。

（5）实现"四节一环保"目标所采取的管理措施和技术措施。

（6）绿色施工现场平面布置图。

（7）分阶段评价与管理措施。

施工项目部应制订推进绿色施工的有关管理制度，并严格实施。有关管理制度包括但不限于：

（1）能源使用管理制度。

（2）节电管理制度。

（3）节水管理制度。

（4）设备管理制度。

（5）余料、废旧材料管理制度。

（6）用地管理制度。

（7）施工机械设备管理制度。

（8）环境保护管理制度。

（9）资料管理制度。

施工项目部应建立能源使用、材料使用、水电使用、设备使用等记录和台账。

施工项目部应设专职管理人员，负责施工阶段绿色施工管理日常工作，以及能源、资源、材料与环保监测统计和资料管理工作。

3.3 临建设施布置原则

根据工程特点和总体安排，结合绿色设计和施工条件，统一进行施工总平面布置，具体遵循的原则如下：

（1）方便施工，便于管理。本着因地制宜、永临结合、方便施工、有利于管理和缩短场内倒运距离的原则，统一规划临时设施，节约能源和材料。

（2）有利于环保和文明施工。按照布局合理、紧凑有序、安全生产、文明施工的要求布置，满足环保和创建标准文明工地的要求。施工区和非施工区分开，适应生产组织需要及周边环境需要。

（3）珍惜土地、保护耕地。便道尽量在工程用地界内且不影响工程施工，临时工程尽量少占或不占农田，必须占用农田的临时工程，待工程结束后应进行复垦还田。

（4）施工道路适应机械化快速施工要求。场内运输线路布置在保证顺畅的前提下，划分施工区域和材料堆放场地，确保材料调运方便，减少二次搬运，满足节能施工要求。

（5）混凝土搅拌站按照规模合理、配套完善、流程顺畅、留有余地的要求，做好规划建场工作，节约占地。

（6）避免交叉干扰。根据施工方案规划临时设施，避免与正式工程之间的干扰和交叉，合理布置各区域的施工顺序，确保施工安全、工程质量和施工进度。

（7）符合安全生产、安保、防火和文明生产的规定和要求。

（8）符合"四节一环保"的要求。

3.4 "四节一环保"宣传

对于绿色建设，一是要进一步提高思想认识，充分认识开展绿色建设的重大现实意义；二是要进一步完善绿色建设宣传工作方案，强化正面宣传引导作用；三是要加大宣传引导力度，创新宣传形式，多渠道、多方式开展绿色建设宣传，营造浓厚绿色建设活动氛围。

（1）在现场入口处设置施工标志牌包含绿色施工内容，明确绿色施工组织机构和各主要负责人的职责以及绿色施工创建目标，编制绿色施工的主要措施。

（2）在施工现场的办公区和工人生活区关键醒目位置，应根据不同环境设置明显的节水、节能、节材、防污等节约和不保宣传标志，大力宣传"四节一环保"，并按规定设置安全警示标志，如图3-1所示。

(a)　　　　　　　　　　　　(b)

图3-1　绿色环保宣传标语
（a）节水宣传标语；（b）节电宣传标语

（3）在施工现场悬挂绿色施工标语，制作绿色施工宣传画，布置移动式绿色施工宣传走廊，全方面宣传绿色施工，如图 3-2 所示。

图 3-2　绿色施工宣传画

（4）施工项目部应将绿色施工知识纳入项目部职工及施工人员培训计划中，每月进行绿色施工知识培训，增强项目部及一线作业人员绿色施工意识。针对每次培训内容，项目部可采取考试、答辩、抢答等方式验证培训效果。

3.5　绿色建设人员健康及安全

以人为本，是科学发展观的核心。注重人员健康及安全是绿色建设的根本。

（1）施工作业区和生活办公区分开设置，如图 3-3 所示，达到互不干扰，保证现场人员有良好的工作和休息环境。

（2）设置职工休息饮水处，并配备急救设备、药品，如图 3-4 所示，完善施工现场人员健康应急预案。

（3）食堂配备统一就餐设施、不锈钢橱柜、冰箱、消毒柜、空调、开水器等设施，干净整洁符合卫生防疫要求。餐厅取餐口外墙上还应挂设文明就餐制度及餐厅卫生管理制度，炊事人员应按规定体检，取得健康证并上墙公示，工作时应穿戴工作服、戴工作帽。职工食堂的管理示例如图 3-5 所示。

(a)

(b)

(c)

(d)

图 3-3　施工作业区和生活办公区分区设置

（a）办公区；（b）生活区；（c）施工作业 GIS 区；（d）施工作业配电室区

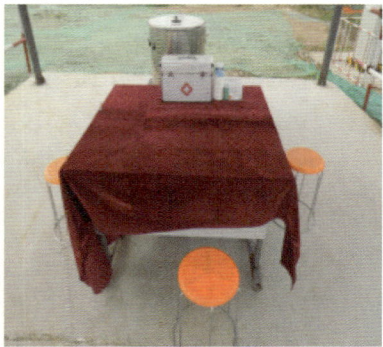

(a)

(b)

图 3-4　职工休息饮水处

（a）职工休息饮水亭；（b）急救设备和药品箱

(a)

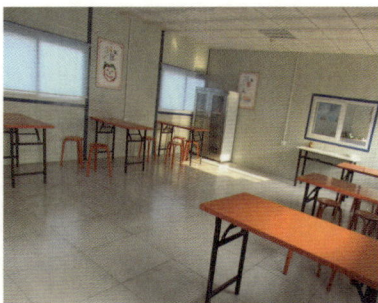

(b)

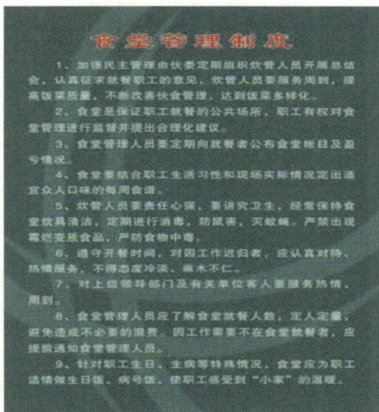

(c)

(d)

图 3-5　职工食堂管理

（a）不锈钢橱柜；（b）职工食堂餐厅；（c）食堂管理制度；（d）餐厅卫生管理制度

（4）卫生间、卫生设施、排水沟及阴暗潮湿地带应定期进行消毒，如图 3-6 所示。

图 3-6　施工现场卫生间

（5）危险设备、地段、危险品、化学品、有毒物品存放地应采取隔离措施，并设置醒目安全标志，如图3-7所示。

图 3-7　危险品仓库

（6）施工现场配置齐备、充足的安全防护用品，如图3-8所示，并定期检验合格，确保施工期间人员安全。

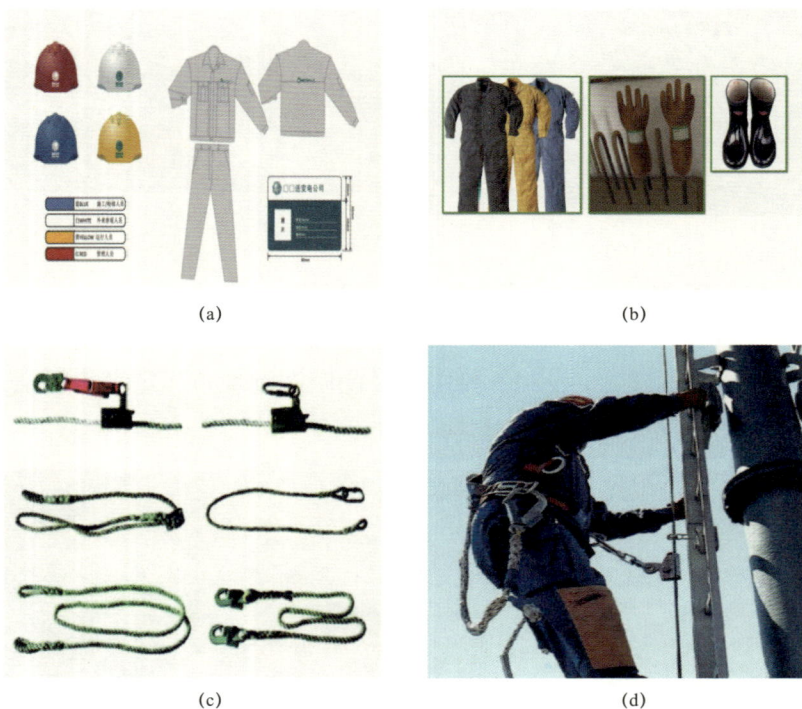

(a)

(b)

(c)

(d)

图 3-8　安全防护用品
（a）安全帽、工作服；（b）防静电服、绝缘手套、绝缘靴；（c）安全带、防护绳索；（d）作业现场

3.6 节约土地与土地资源保护

节约土地与土地资源保护的目的在于挖掘土地利用潜力，节约宝贵的土地资源。在施工阶段要转变不合理的土地利用方式，改高投入、高消耗、低效率为低投入、低消耗、高产出，改粗放利用土地为集约利用土地，充分发挥土地资源的资产效益。

（1）临建搭设要求。临建搭设尽量采用多层临时建筑，500kV 工程项目部办公区、生活区总占地面积按 50m×70m 控制，加工区和材料存放区按 35m×70m 控制；220kV 工程项目部办公区、生活区总占地面积按 40m×50m 控制，材料加工存放区按 30m×60m 控制。项目部办公室、会议室、宿舍用房采用拆装式轻钢结构防火岩棉彩钢板，顶部蓝色，墙壁白色，其效果图如图 3-9 所示，窗户采用塑钢窗，做好防雷接地措施。办公区应设置会议室、业主室、总监室、监理办公室、项目经理室、项目总工室、卫生间。

图 3-9 临建区效果图

（2）施工现场搅拌站、仓库、加工厂、作业棚、材料堆场等布置应尽量靠近已有交通线路或即将修建的正式或临时交通线路，缩短运输距离，材料加工区效果图如图 3-10 所示。

图 3-10　材料加工区效果图

（3）材料堆放场地采用多层货架规划和布置，如图 3-11 所示，可大大减少征地面积、节约土地；同时还解决了还耕难题，也节省了工程投资。材料站和仓库有条件的尽量布置在站内空闲场地。

图 3-11　材料区多层规划

（4）为充分合理利用临建占地，将停车场设置在临建区域内办公区与生活区之间，可以满足车辆停放。遇到大型检查车辆较多时在道路两侧可增加临时停车位，这样既减少了临建占地，也使临建占地利用率最大化，同时也便于车辆的出入管理，如图 3-12 所示。

（5）施工现场道路按照永久道路和临时道路相结合的原则进行布置，施工现场内形成环形通路，减少道路占用土地，如图 3-13 所示。

图 3-12　停车场

图 3-13　施工现场道路

（6）合理选择放线段及张牵场地，在跨越较少的地段，应适度加大放线段长度，接近规定的限值（20个放线滑车），其平面布置图如图3-14所示。相邻区段连续作业，张牵场重复利用，推行"窄时段"集中作业，减少导/地线展放作业区、工器具材料区、锚线区等临时占地。

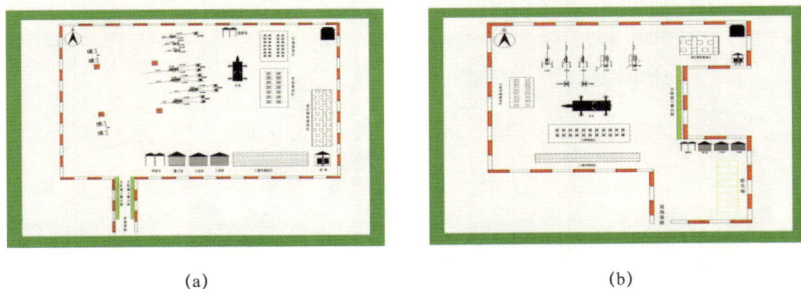

(a)　　　　　　　　　　　　　　　(b)

图 3-14　张牵场地平面布置图

（a）张力场施工平面布置示意图；（b）牵引场施工平面布置图

35

（7）初级导引绳利用八旋翼飞行器悬空展放，如图 3-15 所示。在展放过程中，利用八旋翼飞行器将初级导引绳逐基通过放线段塔顶，塔上人员通过专用工具将初级导引绳置入塔顶的朝天滑车轮槽中，逐次完成每基塔的操作。不受地形限制，有效地减少线路走廊的临时占地。

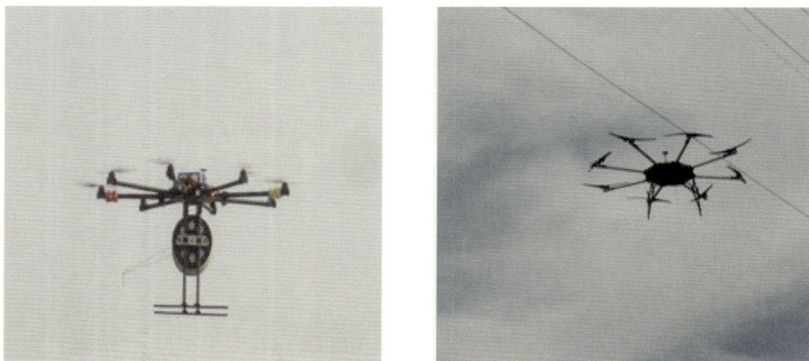

图 3-15　八旋翼飞行器

3.7　节水与水资源利用

施工过程中，要打破传统粗放用水方式，对水资源进行精益化管理，采用新设备、新技术、新方法，提高水资源利用效率，达到节约用水的目的。

（1）施工、生活应实行分路用水计量管理，严格控制施工阶段用水量，如图 3-16 所示。施工现场用水应按分区供水方式，按季度和各阶段统计用水实耗原始数据，进行统计、分析，并采取相应调整措施。

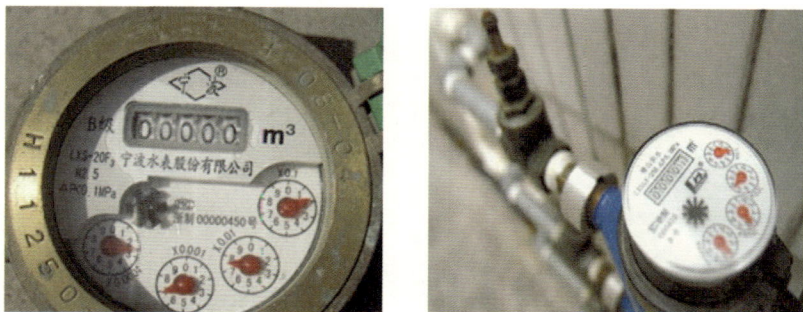

图 3-16　用水计量管理

（2）施工现场生产、生活、办公用水必须使用节水型产品和节水器具，在水源处应设置明显的节约用水标识，如图 3-17 所示。

（3）办公、生活区的卫生间、洗碗处应采用节水龙头，控制用水量，如图 3-18 所示。

（4）施工现场大门口设置车辆冲洗台，如图 3-19 所示，冲洗泥浆、砂浆产生的废水排入沉淀池，并实现循环利用。

图 3-17　节水器具管理

图 3-18　节水龙头

图 3-19　车辆冲洗台

（5）施工现场设置废水沉淀系统和雨水收集池，如图3-20所示，实行三级沉淀二级排放，作为施工养护水、道路保洁、卫生间用水、冲洗车辆用水。

(a)   (b)

图 3-20 废水沉淀系统和雨水收集系统

（a）废水收集回收利用系统示意图；（b）雨水收集池

（6）工程混凝土应尽可能地采用商品混凝土，这样既节约了用水量，也避免了混凝土觉拌而造成环境污染，同时使用前仔细核对混凝土预算方量，做到数据精确，确保不造成浪费。

（7）施工中应采用先进的节水施工工艺和养护工艺，如图3-21所示，通过工艺改进、方案优化措施，提高用水效率。

图 3-21 节水施工工艺和养护工艺

（8）基础混凝土浇筑完成后根据基础养护要求采用薄膜覆盖养护，如图 3-22 所示，此方法可节约用水，对比温度在 30℃时，利用薄膜覆盖养护每个桩基基础的方法，可有效节水 20L/ 天。

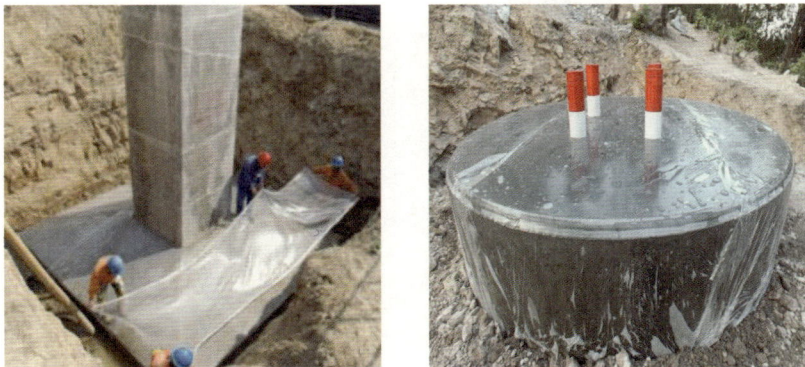

图 3-22　薄膜覆盖养护法

（9）临时供水管网应有维护制度，定期检查供水管网使用情况，防止、避免管网和用水器具的漏损。

3.8　节能与能源利用

提高能源利用率，是可持续发展的必经之路，是绿色建设的关键环节。在施工阶段，更应从多方面高效利用能源，促进能源节约。

（1）工程实行用电计量管理，严格控制办公生活和施工用电量，临时用电应按分区供电方式，各区域用电应设计量电能表，如图 3-23（a）所示，按季度和各阶段统计电实耗原始数据，进行统计、分析，并采取相应调整措施。生活区与施工区应分别计量，用电电源处设置明显的节约用电标识，同时施工现场建立照明运行维护和管理制度，及时收集用电资料，建立用电节电统计台账，提高节电率，如图 3-23（b）所示。

（2）临建工程现场应考虑当地地形，充分利用日照、风向等自然条件，合理设计生产、生活及办公临时设施的体形、朝向、间距和窗墙面积比，使其获得良好的日照、通风和采光，以便实现最大程度上的节能，临建现场效果图如图 3-24 所示。

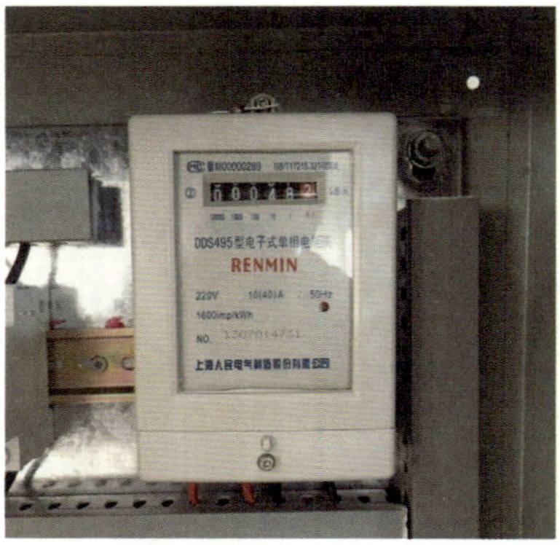

(a)

××× 变电站工程每月用电记录表

月份	抄表人	区域名称	上月表度	本月表度	本月实际用电

(b)

图 3–23 用电计量管理

（a）计量电能表；（b）用电节电统计台账

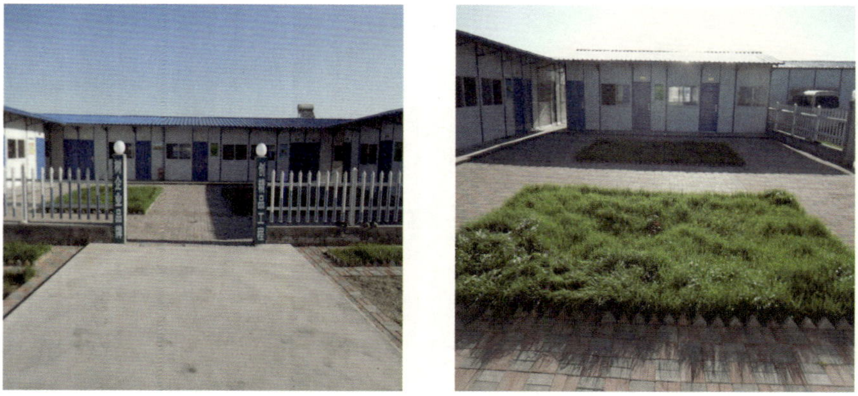

图 3–24 临建现场效果图

（3）办公生活区应合理配置空调数量，规定合理的温、湿度标准和使用时间，提高空调的运行效率，夏季室内空调温度设置不得低于 25℃，冬季室内空调温度设置不得高于 20℃，空调运行期间应关闭门窗；人员长时间离开时应随手关闭空调电源。变电站的空调房间采用分体式空调系统，空调能效等级不低于二级，如图 3–25 所示。

（4）办公生活区提倡采用自然光源，减少点灯照明，办公生活区照明、施工现场照明应全部使用 LED 节能灯，如图 3–26 所示，实施绿色节能照明，人员长时间离开或施工完毕后应随手关闭照明电源。

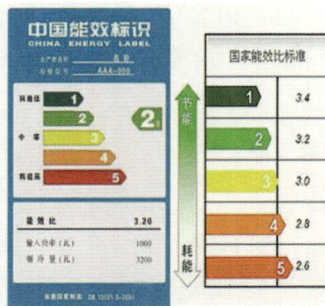

图 3-25 空调管理

图 3-26 LED 节能灯

（5）卫生间照明灯具采用声控感应灯，降低照明用电消耗。夜间施工时应控制非作业区域的照明灯具的使用，如图 3-27 所示。

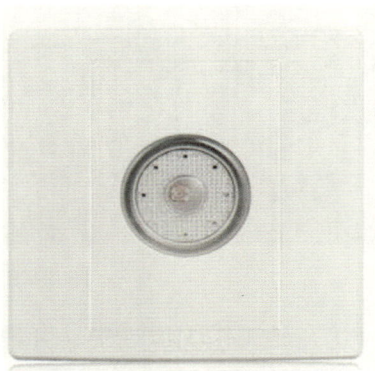

(a)   (b)

图 3-27 灯具管理

（a）夜间照明灯；（b）声控感应灯

（6）职工宿舍应安装用电限流装置，控制大功率用电设施。职工宿舍用电管理如图 3-28 所示。

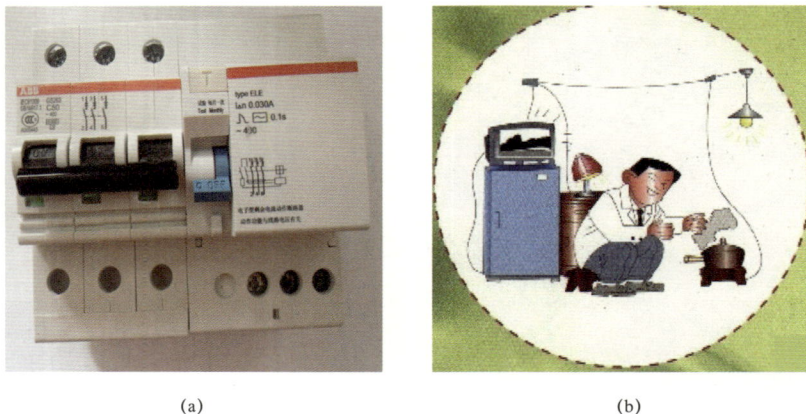

(a)　　　　　　　　　　　　　　　(b)

图 3-28　职工宿舍用电管理

（a）用电限流装置；（b）职工宿舍违规用电示意图

（7）选择利用效率高的能源。除了食堂使用液化天然气，其余均使用电能，如图 3-29 所示。严禁使用煤球等利用率低的能源，实现节能、减少大气污染。

图 3-29　液化天然气

（8）在施工组织设计中，合理安排施工顺序、作业面，以减少作业区域的机具数量，相邻作业区充分利用共有的机具资源。安排施工工艺时，应优先考虑耗用电能或其他能耗较少的施工工艺。避免设备额定功率远大于使用功率或超负荷使用设备的现象。

（9）项目部宜安装太阳能发电装置，照明和空调等设备由太阳能板光伏发电，洗浴间热水器采用太阳能热水器，生活区淋浴房宜设置太阳能节能热水器，充分利用太阳能实现节能，如图3-30所示。

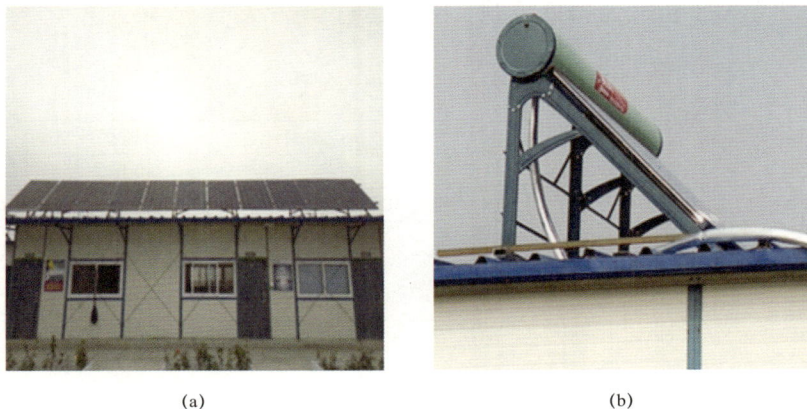

(a)　　　　　　　　　　　　　　　　　(b)

图 3-30　充分利用太阳能

（a）太阳能发电；（b）太阳能热水器

（10）选择功率与负载相匹配的施工机械设备，避免大功率施工机械设备低负载长时间运行。机电安装可采用节电型机械设备，如逆变式电焊机和能耗低、效率高的手持电动工具等，如图3-31所示，以利节电。机械设备宜使用节能型油料添加剂，在可能的情况下，考虑回收利用，节约油量。

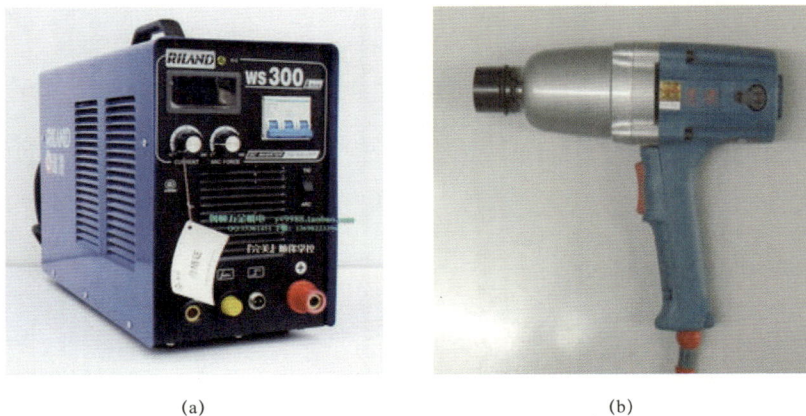

(a)　　　　　　　　　　　　　　　　　(b)

图 3-31　节电型机械设备

（a）逆变式电焊机；（b）手持电动工具

（11）建立施工机械设备管理制度及设备维修保养记录，开展用电、用油计量，完善设备档案，如图 3-32 所示，及时做好维修保养工作，使机械设备保持低耗、高效的状态。选择功率与负载相匹配的施工机械设备，避免大功率施工机械设备低负载长时间运行。

机械设备维修保养记录

设备名称		规格型号			设备编号		购买日期	
购买日期		生产厂家			报废年限		保管人	
维修日期	使用单位	工程名称	出入库	维修内容	使用配件	维修人	检测人	备注

(a)

每月用电记录表

月份	抄表人	区域名称	上月表度	本月表度	本月实际用电

(b)

图 3-32 档案台账管理

（a）机械设备维修保养记录；（b）每月用电记录表

（12）使用国家、行业推荐的节能、高效、环保的施工设备和机具，铁塔螺栓在安装过程中采用气动扳手进行紧固，限制和淘汰落后的施工方法，铁塔用气动扳手如图 3-33 所示。

图 3-33　铁塔用气动扳手

（13）办公区、生活区分别设定用电指标，分别装有电能表，定期进行计量、核算，合理安排施工时间等，降低用电量，节约用电。

3.9　节材与材料资源利用

3.9.1　建立材料管理措施

（1）施工现场应建立材料采购、运输、验收、保管及领用制度。项目施工前应编制材料预算计划，实行限额领料，严格控制材料消耗。

（2）项目施工前，应制订主要材料损耗率控制指标，主要材料损耗率应比定额损耗率降低 30% 以上。

（3）图纸会审时，应审核节材与材料资源利用的相关内容，达到材料损耗率比定额损耗率降低 30%。

（4）施工现场应有主要材料进场、领用消耗记录，建立主要材料使用台账，如图 3-34 所示。施工现场实行限额领料，统计分析实际施工材料消耗量与预算材料的消耗量，有针对性地制订并实施关键点控制措施，提高节材率；控制钢筋损耗率不高于预算量的 2.5%，混凝土实际使用量不高于图纸预算量。

(a) (b)

图 3-34 材料使用台账

（a）领料单；（b）退料单

（5）项目施工材料应采用绿色环保材料，积极采用高强钢筋、高强混凝土、预拌砂浆等材料及其他高性能、高耐久性材料，促进材料的合理使用，节省高消耗材料的使用量，如图 3-35 所示。

(a) (b)

图 3-35 使用绿色环保材料

（a）高强钢筋；（b）高强混凝土搅拌站

3.9.2 降低材料损耗措施

（1）根据施工进度、库存情况等合理安排材料的采购、进场时间和批次，减少库存。

（2）材料运输时应选择合适的运输工具、运输方法和装卸机具，减少材料的运输、装卸损耗，如图3-36所示。材料运输工具适宜，装卸方法得当，防止损坏和遗洒。根据现场平面布置情况就近卸载，避免和减少二次搬运。

图3-36 选择合适的运输工具

（3）进入施工现场材料应分类堆放在材料站和仓库内，存放规范标准，确需露天堆放材料的，材料堆放应采取防潮、防晒、防雨措施。原则上，现场材料除钢筋外，其他长条形材料（例如钢管、扁钢、木方等）应上架分类存放，如图3-37所示。

图3-37 材料分类存放

（4）砌体、模板、装修材料应先进行总体排版策划，降低裁割损耗，减少非整块材料数量。

（5）对站内临时用电、给水、通信、监控等管网进行规划设计，确保布点准、路径短、不反复，最大限度减少线缆和管材用量。加强材料管理，敷设过路埋管和标线、标桩，如图3-38所示，避免材料破损，延长材料使用寿命，提高材料全寿命周期周转使用次数。

图 3-38　过路埋管和标线、标桩敷设

（6）线缆展放提前策划展放方案，线路敷设路径应进行精确测量，避免盲目下料；导／地线要进行接头位置策划，提升整盘导线利用效率，减少下脚料。电缆敷设应事先策划，合理规划路径，并根据电缆轴的电缆余量，合理裁剪，以减少电缆的损耗。电缆敷设到位后根据设备高度预留余量不得超过 3～5m，如图 3-39 所示。

图 3-39　线缆展放

（7）铜排、铝排、扁钢采用冷弯工艺，如图 3-40 所示，充分利用型材自然长度，减少裁切量和搭接量，提高材料利用效率。全面推行液压切割、冲孔和压接工艺，提高成品率，消除有色金属、黑色金属和专用金具的误加工损失。

图 3-40　冷弯工艺

（8）推广采用钢筋工厂化加工和配送的施工工艺，减少和降低现场加工作业量，如图3-41所示。

图3-41　钢筋工厂化加工和配送

（9）钢筋等材料按需截取，避免浪费。科学计算、合理分配，尽可能地减少搭接接头，如图3-42所示。

图3-42　钢筋按需截取

（10）钢筋、地脚螺栓采用工厂集中加工，如图3-43（a）所示，提高施工效率，统一配送，材料在转运过程和存放过程中，应做好防护工作。砂石、水泥应铺垫彩条布，防止底层遗弃造成的材料浪费和土地污染，如图3-43（b）所示；钢筋、地脚螺栓、钢管等应铺垫枕木，防止发生锈蚀，产生浪费。

(a)   (b)

图 3-43 工厂集中加工和材料防护工作

（a）工厂集中加工；（b）材料防护

3.9.3 施工余料及废旧材料利用

（1）施工过程中产生的余料、废旧材料应集中分类堆放，按不同种类制订再利用措施，如图 3-44 所示。

图 3-44 余料和废旧材料集中分类堆放

（2）应根据不同材料采取焊接、齿接、粘接、镶拼等技术和工艺，使余料、短料得到再利用。

（3）施工现场无法利用的资源性废弃材料，应分类集中提供回收机构。统一处理，使废旧材料获得再生利用。

3.10　环境保护

保护环境，减轻环境污染，遏制生态恶化趋势，在工程施工现场尤为重要。结合工程实际，采取针对性措施，从点滴进行环境保护。

3.10.1　基本要求

（1）在生活区的建设规模上，进行科学计划、安排，根据土建阶段和电气安装调试阶段的施工特点与施工人员数量不同，合理设计生活区容纳人员的数量，尽可能减少生活区的规模，从而减少对环境的影响。

（2）工程临建房屋采用拆装式轻钢结构防火岩棉彩钢房，如图3-45所示，房屋主体维护结构彩钢岩棉加芯板为A级不燃材料，房屋以标准模数系列进行空间组合，采用全新概念的装配式环保经济型房屋。墙体、屋面也有良好的隔热性能，可以减少夏天空调、冬天取暖设备的使用时间及消耗能量。

图 3-45　拆装式轻钢结构防火岩棉彩钢房

（3）项目部临建区、生活区、材料加工区按规范要求进行绿化、硬化，如图3-46所示，各区场地设计排水坡度，留置排水沟，确保现场整洁。

（4）"四通一平"收尾阶段，沿征地线搭设围挡板进行场地围护，落实"封闭施工"管理要求，减少对周围环境的影响，如图3-47所示。

图 3-46　场地绿化和硬化效果图

图 3-47　搭设围挡落实"封闭施工"管理

（5）土建、电气施工严格执行"网格化"管理控制，如图 3-48 所示，各区之间用钢管或硬质围栏进行物理隔离，在进出口设置明显标识牌，针对各区工作制订工作计划，确保有序作业。严格作业面管理，做到开挖—支模—浇筑—回填—成品保护—地表防尘覆盖"六步一规范"作业，确保现场整洁。

（6）工程应结合当地地形地貌，充分采用旋挖钻机、多翼飞行器展放导引绳等机械法施工措施，如图 3-49 所示，减少对当地植被、农作物的破坏，实现环境影响最小化。

（7）牵张场使用地锚较多，使用柔性地锚机埋设地锚，如图 3-50 所示。采用柔性地锚代替传统板式地锚和人工地锚钻进行施工，减少植被破坏和水土流失。

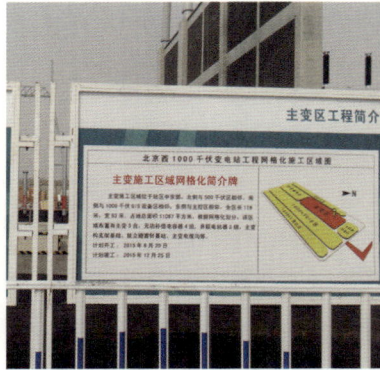

图 3-48 "网格化"施工

(a)　　　　　　　　　　　　(b)

图 3-49　采用旋挖钻机和多翼飞行器展放导引绳
（a）旋挖钻机；（b）多翼飞行器

图 3-50　柔性地锚

（8）对于地处平原的接地工程施工，接地沟可采用挖沟机开挖，如图3-51所示，可有效减少劳动力，加快施工速度，减少植被破坏。

图 3-51　采用挖沟机开挖

（9）施工后应恢复施工活动破坏的植被，如图3-52所示。在先前开发地区种植当地或其他合适的植物，以恢复剩余空地地貌或科学绿化，补救施工活动中人为破坏植被和地貌造成的土壤侵蚀。

图 3-52　植被恢复

3.10.2　环境保护措施

（1）结合站内地下设施特点，加快紧邻路道、围墙的基坑、基础、管线和缆沟施工进展，具备条件后，及早安排正式围墙和首层道路施工，如图3-53所示，为后续人员车辆通行和实现封闭施工创造良好条件。

图 3-53　首层道路

（2）采取安装喷淋降尘系统、铺设防尘网、远程喷雾炮和洒水栓等除尘措施，如图 3-54 所示，沿道路两侧埋设临时给水管道，每隔 20m 设置一处出水口（洒水栓），安排专人负责，每天收工后对站内道路洒水冲洗，对场区地面洒水降尘。

(a)

(b)

(c)

(d)

图 3-54　防尘措施

（a）喷淋降尘系统；（b）防尘网；（c）远程喷雾炮；（d）洒水栓

（3）运送土方、垃圾、设备及建筑材料等，不得高出车箱板，如图 3-55 所示，车辆应采取有效措施防止跑、冒、滴、漏，应将表面用水打湿，减少灰尘飘扬，保证车辆清洁。

图 3-55　车辆防尘措施

（4）施工现场出口应设冲洗池，施工场地、道路应采取定期洒水抑尘措施，如图 3-56 所示。

图 3-56　冲洗池和车辆洒水

（5）土方作业阶段，采取洒水、覆盖等措施，如图 3-57 所示，达到作业区目测扬尘高度小于 1.5m，不扩散到场区外。

（6）工程建设要求施工单位制订详细的无尘化施工方案，确保土建施工和电气安装调试全过程达到无尘化条件，降低施工过程中的粉尘污染，同时也避免因粉尘造成电气设备安装出现质量问题，如图 3-58 所示。

图 3-57 防尘网铺设

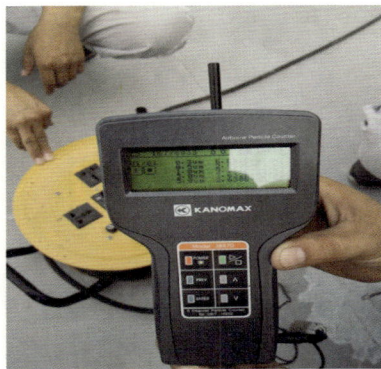

图 3-58 无尘化施工

（7）户外 GIS 安装必须采用防尘车间或防尘棚，如图 3-59 所示，防尘空间内温度应为 -10～40℃，空气相对湿度小于 80%，洁净度在百万级以上。风沙大的地区，入口处设置风淋室，通过风淋室吹去作业人员身上附带的粉尘及其他微粒；所有进入防尘棚的人员应穿戴专用防尘服、室内工作鞋。防尘棚内应充入经过滤尘的干燥空气。

（8）在施工区装设环境监测系统，如图 3-60 所示，实施监测施工现场空气污染物、温湿度、风速监测仪，为合理安排土建施工和电器安装最佳时期提供环境因素辅助分析数据。

（9）线路基础开挖，生、熟土分开堆放，采用密网进行全覆盖，定期洒水防止扬尘，如图 3-61 所示。在施工过程中，对于作业产生的垃圾、土石方等要及时监督施工进行清运，做到"工完、料净、场地清"。

图 3-59　GIS 防尘棚

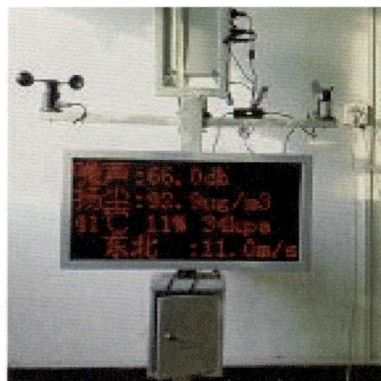

图 3-60　环境监测系统

图 3-61　生、熟土分开堆放和密网覆盖防尘

（10）施工现场应对噪声进行实时监测，如图 3-62 所示，施工场界环境噪声排放昼间不应超过 70dB（A），夜间不应超过 55dB（A）。噪声测量方法应符合 GB 12523—2011《建筑施工场界环境噪声排放标准》的规定。

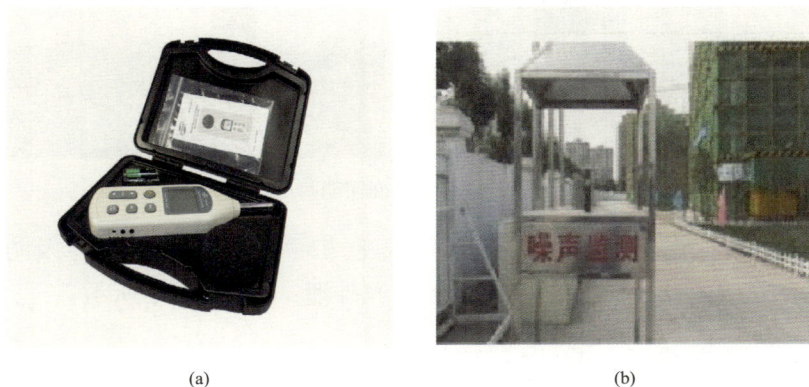

(a)   (b)

图 3-62　防噪声管理

（a）噪声监测装置；（b）噪声监测亭

（11）施工过程宜使用低噪声、低振动的施工机械设备，对噪声控制要求较高的区域应采取隔声措施。

（12）施工车辆进出现场应限速，不宜鸣笛，装卸材料应做到轻拿轻放，车辆限速标志和禁止鸣笛警示牌如图 3-63 所示。

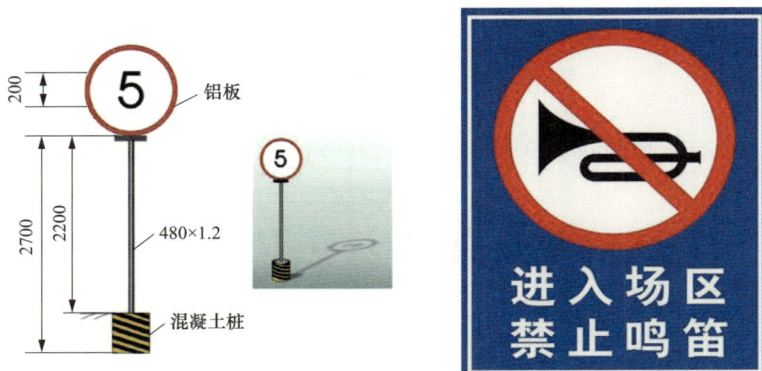

图 3-63　车辆限速标志和禁止鸣笛警示牌

（13）夜间室外照明灯应加设灯罩，光照方向应集中在施工区范围，如图 3-64 所示。

图 3-64　夜间照明灯

（14）氩弧焊及电焊作业人员必须戴防护手套、防护服、口罩及防护镜，避免烫伤及吸入毒气，搭设棚屋避免弧光外泄，如图 3-65 所示。

(a)　　　　　　　　　　　　　　　(b)

图 3-65　避免光污染措施
（a）焊接现场；（b）防护镜

（15）污水排放应达到 GB 8978—1996《污水综合排放标准》的有关要求。

（16）施工现场存放的油料和化学溶剂等物品应设专门库房，地面应做防渗漏处理，如图 3-66 所示。易挥发、易污染的液态材料，应使用密闭容器存放。废弃的油料和化学溶剂应集中处理，不得随意倾倒。

（17）施工机械设备使用和检修时，应控制油料污染；清洗机具的废水和废油不得直接排放。

（18）食堂、盥洗室、淋浴间的下水管线应设置过滤网，食堂应另设隔油池，如图 3-67 所示。

图 3-66　危险品管理

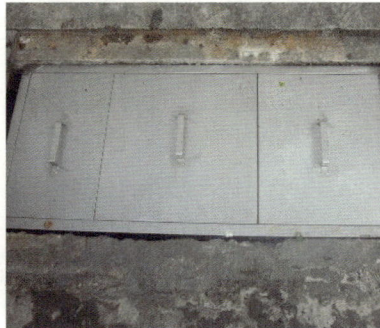

图 3-67　食堂隔油池

（19）施工现场宜采用移动式卫生间，并委托环卫单位定期清理，如图 3-68 所示。固定卫生间应设化粪池。

图 3-68　移动式卫生间

61

（20）在施工现场应针对不同的污水，设置相应的处理设施。设置沉淀池、隔油池、化粪池，如图 3-69 所示，沉淀池、隔油池、化粪池等不发生堵塞、渗漏、溢出等现象。及时清掏各类池内沉淀物。隔油池、排水沟和沉淀池定期进行清理。

(a)   (b)

图 3-69　沉淀池和玻璃钢化粪池

（a）沉淀池；（b）玻璃钢化粪池

（21）对各废弃物的消纳、回收按照国家有关规定办理相关手续后到指定场地、场所进行。

（22）生活区、施工现场分区域放置垃圾箱，实现垃圾分类回收，严禁随意抛掷、丢弃，保持现场卫生整洁，垃圾箱内垃圾要定期清理。现场清理时，应采用封闭式运输，防止沿途撒漏，如图 3-70 所示。

图 3-70　垃圾管理

（23）有毒废弃物的临时存放必须使用容器密闭并标注清楚，单独存放，如图 3-71 所示，防止对人体、建筑、大气、土体、水体的二次污染。

图 3-71　有毒废弃物的临时存放

（24）木质、纸质的材料包装箱、包装袋不能随便丢弃，应集中收集存放，可以用于盛放其他物品，或作为覆盖保护层使用，如图 3-72 所示，不能直接使用的，可以用作再造纸张等，以达到资源的循环利用。

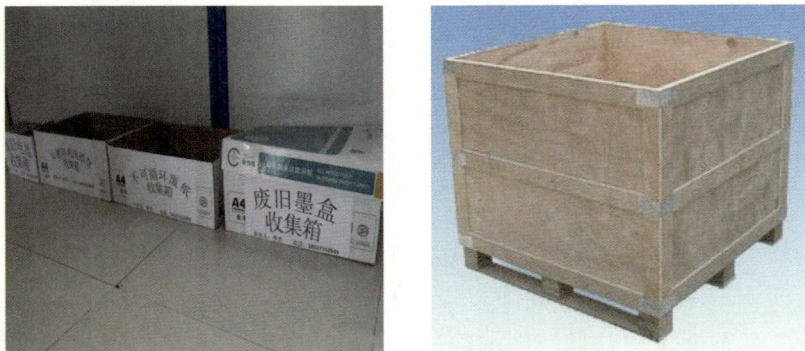

图 3-72　废料再利用

（25）对于碎石类、土石方类建筑垃圾，宜采用地基填埋、铺路等方式提高再利用率，力争再利用率大于 50%。

（26）保护地表环境，防止土壤侵蚀、流失。因施工造成的裸土，及时覆盖砂石或种植速生草种，以减少土壤侵蚀；因施工造成容易发生地表径流土壤流失的情况，应采取设置地表排水系统、稳定斜坡、植被覆盖等措施，减少土壤流失。

（27）严禁利用固体废弃物作为土方回填的土方使用，防止二次污染土体。

（28）对于有毒有害废弃物如电池、墨盒、油漆、涂料等，应回收后交有资质的单位处理，不能作为建筑垃圾外运，避免污染土壤和地下水。

（29）主变压器、电抗器、站用变压器等设备运输或施工过程中的残油或不合格油不得随意排放，应统一回收处理，防止对水土环境产生危害，如图3-73所示。废弃的油料和化学溶剂应集中处理，不得随意倾倒。在滤油、注油以及热油循环过程中，对管道连接处进行包裹保护，机械下铺设五彩布，防止渗漏油。

图 3-73　油处理措施

（30）施工现场严禁焚烧各类废弃物，如图3-74所示。不得在施工现场融化沥青或焚烧油毡、油漆以及其他产生有毒、有害烟尘和恶臭气体的物质。

（31）施工车辆、机械设备的尾气排放应符合国家规定的排放标准。

（32）GIS现场注入SF_6气体前，制订详细的防SF_6气体泄漏的现场安全措施，由项目总工对安装人员交底后再实施；现场安装完好后的GIS重新进行检修时，采用专用的气体回收装置对SF_6气体进行集

图 3-74　严禁焚烧各类废弃物标志

中回收后再进行检修，集中回收后的 SF_6 气体经试验合格后可以重新使用，如图 3-75 所示；禁止将 SF_6 气体直接排放于空气中，破坏臭氧层造成环境污染。

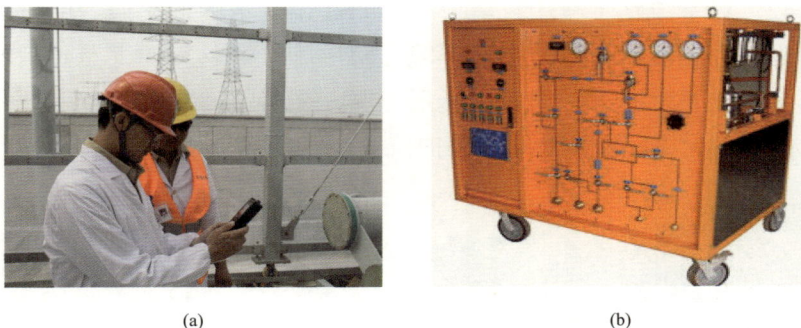

（a）　　　　　　　　　　　　　　　（b）

图 3-75　GIS 现场防 SF_6 气体泄漏措施

（a）专业人员监测气体；（b）气体回收装置

（33）施工前应调查清楚地下各种设施，做好保护计划，保证施工场地周边的各类管道、管线、建筑物、构筑物的安全运行。

（34）施工过程中一旦发现文物，立即停止施工，保护现场并通报文物部门并协助做好工作。

（35）避让、保护施工场区及周边的古树名木。

（36）在耕地与混凝土之间铺设隔离材料，防止混凝土对土壤的污染，方便复耕。

（37）在临建办公区及生活区进行绿化，尽最大可能恢复已被破坏的植被。

（38）施工现场材料存放区、加工区及大模板存放场地应平整坚实。

（39）垃圾分类存放和回收利用，对土方类建筑垃圾可采取基地填埋、铺路等方式提高再利用率；施工垃圾按制订地点堆放，及时收集、清理，采用装袋收集，集中后进行运输，严禁从建筑物向外直接抛撒垃圾；生活垃圾应及时清理，垃圾清运过程中，宜产生扬尘的垃圾应先适量洒水后覆盖再清运。

（40）现场配置噪声检测仪，根据建筑施工场界环保噪声标准（分贝）日夜施工要求不同，合理协调安排分项施工作业时间。

（41）夜间施工使用的照明灯，采取遮光措施，限制夜间照明光线溢出施工场地以外范围。室外照明灯具应加设灯罩，光照方向应集中在施工区域范围内。灯具的位置和方向均采用合理的安排，确保最小炫光。

（42）对于线路工程中，塔位坐落于高山之上的，交通、原材料运输极其困难，为了保护植被及自然环境，解决施工原材料、工器具运输困难的问题，当坡度大于25°时根据地形情况，采用山区索道运输，如图3-76所示，能够大大提高施工效率，保护植被环境。

图3-76　山区索道运输

3.11　绿色建设资料管理

施工企业应采用信息化技术，加强绿色施工的信息化管理。应通过信息技术，优化施工技术方案和施工工艺、施工顺序。应在确保施工质量和安全文明的前提下，平衡进度、效益的关系。应通过对专项方案的策划、比较和优化集成，最大限度地降低能源资源和材料的消耗，应通过高水平信息化保证绿色施工的各项目标指标的成现。

施工企业和项目部应加强对项目施工过程中绿色施工信息的采集、存储、传递、统计和分析。通过信息处理随时掌握绿色施工实施过程动态。施工企业还可以建立影像资料库、数据信息库、管理文件库与应用系统，在企业范围内实现资源信息共享，提高绿色施工的管理水平。

施工企业应建立企业管理层面的绿色施工资料管理制度，并指导项目部制订相应的制度。为使制度得到有效实施还应制订相应的责任制。

总包单位是实施绿色施工的责任单位，总包单位施工项目部是具体落实绿色施工的责任主体，应负责记录收集、整理绿色施工的各类管理资料。分包单位应记录、收集各自分包施工部分的相应资料，并及时提交总包项目部。总包项目部负责项目部绿色施工记录，并统一组卷分类，装订成册。

绿色施工管理资料的及时性、真实性和完整性，是衡量资料管理质量的基本要求，如果管理资料失去了真实性就成了一堆废纸，所有资料上的数据，必须要有可靠的依据。

1. 施工企业必须制订的制度以及施工检查

（1）绿色施工管理制度，是企业管理制度一个重要组成部分。企业可根据各自的实际情况制订相应的管理制度和相应的责任制，确保制度得到落实。

（2）施工企业应根据节能降耗规划和年度计划，结合各自项目的实际，对施工项目部下达"四节一环保"的目标指标。包括：能源（电、燃油、气）消耗指标；水资源消耗指标；主要材料损耗率下降指标；临时用地节约指标；环境保护指标，含噪声控制指标、光污染控制指标、扬尘控制指标、污水排放控制指标、建筑垃圾减量化指标等。

（3）施工企业应定期对项目部的绿色施工（四节一环保）的实施和各项指标的执行情况进行检查，检查后应针对需要整改的事项，下达整改指令，并及时检查整改情况。

（4）施工企业对项目部的绿色施工（四节一环保）实施情况，按公司管理制度和目标指标的要求，由企业主管领导或主部门定期组织检查评估，并做出书面评估报告。

2. 施工项目部应收集的绿色施工实施的基础资料

（1）绿色施工的专项方案。

（2）"四节一环保"目标分解，是指项目部根据公司下达的目标指标，制订出项目部的"四节一环保"的目标后，并对能源资源指标按施工区、生活区、办公区进行分解，以积累数据，进行内部考核。

（3）为确保绿色施工专项方案的正确实施，项目经理、项目工程师应组织对相关人员，就专项方案的主要内容向有关人员详细交底，并做好记录。

交底对象包括项目部管理人员、班组长及其他相关人员。

（4）对相关人员就绿色施工的相关要求进行教育，采用走出去、请进来的办法进行培训，并做好记录，附有培训教育的相关证明材料。

（5）项目部定期组织相关人员就绿色施工（节约型工地）专项方案的实施情况开展检查活动，并做好检查记录。对项目部检查和上级部门检查中提出和发现的问题，项目部应认真组织整改，并做好整改记录。

（6）企业和项目部根据相应奖惩制度，对实施绿色施工的过程中相关部门、相关分包单位及相关人员的优劣表现，开展奖惩活动，并做好奖惩记录。

（7）项目部根据相关制度对绿色施工的实施情况定期做出评价，并做出书面评价报告。评价报告应在总结和肯定成绩的同时，找出存在的差距和问题，提出整改和改进措施。

3. 施工项目部在绿色施工实施过程中的原始记录

施工项目部在绿色施工实施过程中所建立的各项原始记录，必须及时、真实、完整。各项原始记录主要包括以下内容：

（1）能源使用台账。

1）电能使用台账，包括总耗电台账和分区耗电的抄表记录。总耗电台账，应附有供电部门的收费账单。当工地没有供电部门设立独立电能表时，每月的用电量除工地的抄表记录外，还应有建设单位或其他相关单位确认用电量的证明材料。当一个工地有两个或两个以上的供电电源时，应将所有用电数汇总在电能使用台账内。

2）其他能源，包括工地直接使用的柴〔汽〕油、液化气等。这里统计的柴油主要是指工地上使用的挖掘机、混凝土固定泵、场内运输用的反斗车、空压机、吊车等用油设备所消耗的柴（汽）油，以及食堂柴油灶所使用的柴油，食堂使用液化气时，还应记录液化气的使用量。柴（汽）油和液化气的使用量，应有采购或领用记录。用油、用气应按月记录在使用台账内。电能和其他能源，应折算成标准煤，记录在能源使用台账内。

（2）资源使用台账。

1）水资源使用台账，包括总耗水台账和分区耗水的抄表记录。总耗水台账应附有供水部门的收费账单。当工地没有供水部门设立的独立水表时，每月的用水量除工地的抄表记录外，还应有建设单位或其他相关单位确认用水量的证明材料。当一个工地有两个或两个以上供水水源时，应将所有用水量，按月汇总在水资源使用台账内。

2）其他水资源包括：通过沟、管网收集的基坑降水、雨水、生活废水等循环利用的循环水，有条件的工地可利用的河水等。这些水一般可用于工地的扬尘控制、卫生间冲洗、车辆冲洗等，如要将河水用于工程时，应定期检测合格后，才能使用，以确保工程质量。所用的循环水、河水等，应设置计量装置，并每月指派专人抄表，做好抄表记录，并建立其他水资源使用台账。

（3）主要材料使用台账。主要材料是指工程上用量大的主要材料，如钢材、木材（包括模板）、混凝土、墙体材料等。

1）主要材料的预算用量资料。预算用量是指按材料预算定额计算的材料用量，其中包括了材料的允许损耗。如钢筋的预算用量，钢筋翻样计算用量时，可加上钢筋损耗量。

2）主要材料的进场记录和消耗记录。进场记录和消耗记录都应定期汇总，以随时了解材料的消耗和损耗情况。

（4）环境保护台账。

1）扬尘目测记录。应做好扬尘的定期检查，做好定期检查记录，扬尘较多的作业时，应适当增加扬尘目测检查的频次。

2）场界噪声检测记录。项目部应根据施工现场的实际，设置相对固定的检测点，对此检测点做定期检测，并做好定期检测记录，噪声较大的作业或夜间作业时，应适当增加检查频次。

3）污水排放检测记录，应定期对各个污水排放口做检测并记录。

4）建筑垃圾预测，是指工程开工之前，对工程从开工准备起直到全面竣工止的工程施工全过程中，可能会产生的各类建筑垃圾的预先估计。如施工准备阶段时，清除地上地下障碍物所产生的建筑垃圾；地下工程施工时，凿桩、拆除基坑围护用支撑和栈桥等产生的建筑垃圾；主体和装饰阶段产生的废料、包装材料等；竣工验收阶段以及临时设施（含道路、围墙等）的拆除过程中，产生的建筑垃圾等。开工前，应对以上各个方面产生的建筑垃圾的数量有一个较为客观的预测。

5）建筑垃圾回收利用记录。为使绿色施工（节约型工地）专项方案中建筑垃圾减量化计划得以实施，施工过程中产生的各类建筑垃圾应尽可能做到回收利用。如开工准备阶段及基础施工阶段产生的大部分建筑垃圾可用于临时施工道路的路基、硬地坪的基层、基坑的回填等，基坑混凝土支撑拆除产生的大量废混凝土可送废混凝土回收企业加工成再生石子，结构施工阶段产生的砖石类建筑垃圾可用于小区道路的基层，废钢筋的利用或回收等，都属于回收利用。施工项目部应做好各类建筑垃圾的利用记录。

6）建筑垃圾的外运记录。工地上产生的各类建筑垃圾，不能利用的，需清运出工地现场。外运时，应对建筑垃圾的类别数量做好记录。

7）深基坑施工监察报告，是深基坑施工期间，监测单位提供的反映基坑安全状态的资料。检查深基坑施工期间是否对周围的土体、管线建（构）筑物产生有害影响。

3.12　绿色建设预制应用实例

为全面落实国家绿色环保发展理念，大力推行电网绿色工程建设，切实提升工程建设技术水平和实体质量，国家电网公司着力推进配式建、构筑物和标准化预制件应用。电网工程全面应用装配式建、构筑物和标准化预制件，是牢固树立和贯彻落实创新、协调、绿色、开放、共享五大发展理念；是按照适用、经济、安全、绿色、美观要求推动电网建设方式创新的重要体现；是实现"四节一环保"的重要手段。

装配式建、构筑物和标准化预制件的应用，实现了标准化设计、工厂化生产、产业化配送、装配化施工，可大幅减少建筑垃圾、污水排放、粉尘污染、有害气体，并提升建设效率和工程质量，同时缩减了施工流程，降低了人工成本，从而实现节地、节水、节材、节能和环境保护的绿色建设目标。

1. 装配式防火墙

（1）技术方案。防火墙采用现浇钢筋混凝土柱设凹槽，墙板材采用双层 60mm 厚预制墙板，内填充材料采用防火岩棉，现场板材横向装配施工。

每个柱距布置预制墙板的块数根据防火墙的高度而定，顶部用现浇混凝土梁压顶。预制墙板的两端嵌镶在钢筋混凝土柱预设的槽内，空隙用密封胶勾缝填实，装配式防火墙实物如图 3-77 所示。

图 3-77 装配式防火墙

（2）优越性及绿色建设实效。具有自重轻、强度高、生产能耗低、施工机械化水平高、耐久性、抗震性比较高的优点，与采用常规围墙相比，采用装配式防火墙可缩短工期的 7/10，节省一半的人工。

2. 装配式围墙

（1）技术方案。围墙板采用预制钢筋混凝土墙板，工厂加工，现场组装，墙柱采用预制钢筋混凝土柱，柱底预埋钢板与柱脚焊接。墙板间及墙板与墙柱间缝隙采用耐候密封胶密封处理。基础采用现浇混凝土条形基础。每柱距横向布置预制钢筋混凝土墙板，底部板宽度根据实际尺寸可微调，最下面一块板底部高于站内场地设计标高 100mm。各块板材宽度根据不同围墙高度确定，并满足板材的宽度模数，装配式围墙实物如图 3-78 所示。

（2）优越性及绿色建设实效。传统墙体材料如灰砂砖、页岩砖等具有自重大、强度低、生产能耗高、施工机械化水平较低，耐久性、抗震性能较差等缺点。预制装配式围墙墙板材料为混凝土材质，具有强度高、生产能耗低、施工安装机械化水平高、耐久性、抗震性能较高等优点，采用较常规结构围墙可缩短建设周期的 3/5。

图 3-78　装配式围墙

3. 电缆沟预制压顶

（1）技术方案。预制混凝土压顶采用 C30 混凝土，清水混凝土工艺，预制压顶长度以电缆沟变形缝间距确定长度模数，宜为 0.75～1m 长，预制压顶安装前用 M15 水泥砂浆坐浆 15mm 找平，并应分段安装，每段长度不大于 18m，压顶之间的缝隙，应随安装随用 M15 水泥砂浆嵌缝，原浆压光，盖板安装时，应保证其下部四角有柔性垫块支撑，实物如图 3-79 所示。

图 3-79　电缆沟预制压顶

（2）优越性及绿色建设实效。电缆沟预制压顶环保、稳定、节省人工，可减少施工现场约 9/10 的湿作业，缩短约 3/5 的建设周期。

4. 围墙预制压顶

（1）技术方案。预制混凝土压顶采用 C30 混凝土，清水混凝土工艺，预制石材压顶可采用大理石、青石等。压顶长度：两墙垛间宜为两块，压顶伸缩缝与围墙伸缩缝一致，压顶底部两侧设滴水槽或鹰嘴、滴水线。压顶对缝两侧嵌沥青麻丝、发泡剂，然后用硅酮密封胶封堵，围墙预制压顶实物如图 3-80 所示。

图 3-80　围墙预制压顶

（2）优越性及绿色建设实效。围墙预制压顶环保、稳定、节省人工，可减少施工现场约 9/10 的湿作业，缩短约 3/5 的建设周期。

5. 主变压器油池预制压顶

（1）技术方案。预制混凝土压顶采用 C30 混凝土，清水混凝土工艺，预制石材压顶采用可大理石、青石等。压顶长度：应与油池变形缝间距确定长度模数，要求均分且每块长度不大于 1m。其余要求同电缆沟压顶，主变压器油池预制压顶实物如图 3-81 所示。

图 3-81　主变压器油池预制压顶

（2）优越性及绿色建设实效。主变压器油池预制压顶环保、稳定、节省人工，可减少施工现场约 9/10 的湿作业，缩短约 3/5 的建设周期。

6. 主变压器油池卵石箅子

（1）技术方案。主变压器油池卵石箅子采用整体热镀锌角钢、圆钢结构，钢筋箅子尺寸根据油池大小及现场实际尺寸确定，钢筋箅子支撑长度不得小于 50mm，如图 3-82 所示。

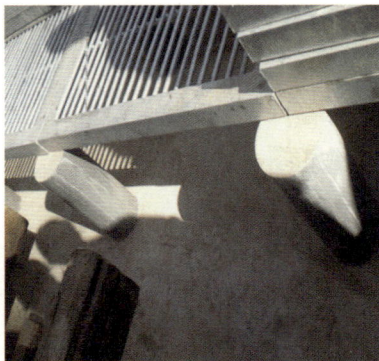

图 3-82　主变压器油池卵石箅子

（2）优越性及绿色建设实效。质量轻、施工快，抗腐蚀性强，安装快捷方便，缩短建设周期约 63%。

7. 预制电缆沟

（1）技术方案。预制混凝土沟道采用 C30 混凝土制作，现场拼接施工，拼接前沟底换填 300 厚的 3∶7 灰土，宽出沟边500mm 宽，分层夯实，压实系数不小于0.96，预制块接头处用沥青麻丝填充，并用耐候硅酮胶进行黏结，如图 3-83 所示。

（2）优越性及绿色建设实效。装配式电缆沟主要特点是节省施工时间，使用方便，用途广泛，环保（无须现场搅拌，无粉尘，无搅拌的噪声）、稳定（搅拌站的配方成熟，

图 3-83　预制电缆沟

原材料方面检测到位，大规模生产质量稳定）、节省人工，绿色，较常规电缆沟可节约 1/5 的混凝土量。

8. 预制电缆沟盖板

（1）技术方案。预制电缆沟盖板材质可采用 C30 钢筋混凝土或高分子等复合材料。沟盖板宽度 500mm，长度根据电缆沟尺寸确定。沟盖板应考虑电缆沟上走人，要求沟盖板能承受不小于 2.0kN/m 活荷载；挠度限值不大于 $L/200$；耐火极限不低于 4.00h 的不燃烧体；设计使用年限为 50 年，如图 3-84 所示。

（2）优越性及绿色建设实效。装配式电缆沟主要特点是节省施工时间，使用方便，用途广泛，环保（无须现场搅拌，无粉尘，无搅拌的噪声）、稳定（搅拌站的配方成熟，原材料方面检测到位，大规模生产质量稳定）、节省人工，绿色，较常规电缆沟节约 1/5 的混凝土量。

图 3-84　预制电缆沟盖板

9. 电缆沟过水板

（1）技术方案。采用 C30 清水混凝土工艺，壁厚 60mm，过水孔孔径 75mm，宽度 500mm，长度根据电缆沟尺寸确定，实物如图 3-85 所示。

（2）优越性及绿色建设实效。电缆沟过水板强度高、质量轻、耐高温、抗腐蚀、使用周期长，可减少二次维护量。

10. 预制混凝土散水

（1）技术方案。混凝土强度等级不低于 C20，散水长度为 600～1000mm，宽度

图 3-85　电缆沟过水板

800～1000mm，厚度 100mm，具体尺寸根据建筑物尺寸按照整模数排版，远离建筑物一侧倒圆角，半径为 35mm。与其他散水相邻侧倒圆角，半径为 5mm，预制混凝土散水实物如图 3-86 所示。

（2）优越性及绿色建设实效。预制混凝土散水一次成型、表面平整、

强度高、质量轻、耐高温、抗腐蚀、使用周期长，可减少 90% 以上的二次维护量。

图 3-86　预制混凝土散水

11. 灯具预制混凝土基础

（1）技术方案。C30 预制清水混凝土，基础边长尺寸为 A（设备地脚螺栓间距）$+2×95mm$，基础高度 500mm，基础顶面高出地面 100mm，基础距离底部 800mm 预留穿线孔，阳角用 PVC 圆角倒角 $R=25mm$，实物如图 3-87 所示。

（2）优越性及绿色建设实效。灯具预制混凝土基础一次成型、表面平整、强度高、质量轻、耐高温、抗腐蚀、使用周期长，可减少 90% 以上的二次维护量。

图 3-87　灯具预制混凝土基础

12. 检查井盖及井圈

（1）技术方案。井圈采用 C30 预制清水混凝土，外径 1740mm，内经 800mm，厚度 50mm，坡度 i=0.1，安装完毕缝隙采用硅酮耐候胶封堵；井盖采用 C30 预制混凝土、环保复合材料或球墨铸铁材料，直径 770mm，实物如图 3-88 所示。

（2）优越性及绿色建设实效。井盖及井圈质量轻，可标准化生产，预制成品无须二次抹面，安装方便，可减少现场湿作业。

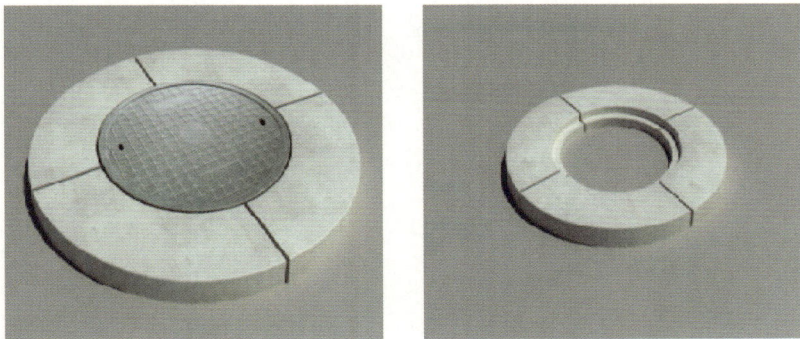

图 3-88　检查井盖及井圈

13. 窗台板

（1）技术方案。内外窗台板宜采用人造石或大理石，根据墙体和窗户尺寸确定，应内高外低，外侧倒角设滴水线，窗台板与窗面、窗框结合处采用硅酮密封胶密封处理，如图 3-89 所示。

图 3-89　窗台板

（2）优越性及绿色建设实效。窗台板表面平整、强度高、抗腐蚀性强、坚实耐用、防雨水溅落、颜色美观大方。

14. 雨水井箅子及泛水

（1）技术方案。泛水采用 C30 预制清水混凝土，长度 1720mm，宽度 1420mm，厚度 50mm，坡度 $i=0.1$，安装完毕缝隙采用硅酮耐候胶封堵；箅子采用 C30 预制混凝土或环保复合材料，长度 750mm，宽度 450mm，如图 3-90 所示。

（2）优越性及绿色建设实效。雨水井箅子及泛水质量轻，可标准化生产，预制成品无须二次抹面，安装方便，可减少现场湿作业，

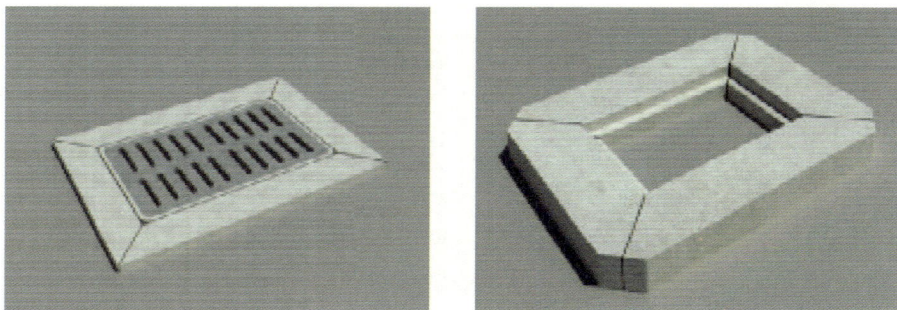

图 3-90　雨水井箅子及泛水

15. 预制路缘石

（1）技术方案。C30 预制清水混凝土，尺寸 200mm × 200mm × 500mm，如图 3-91 所示。

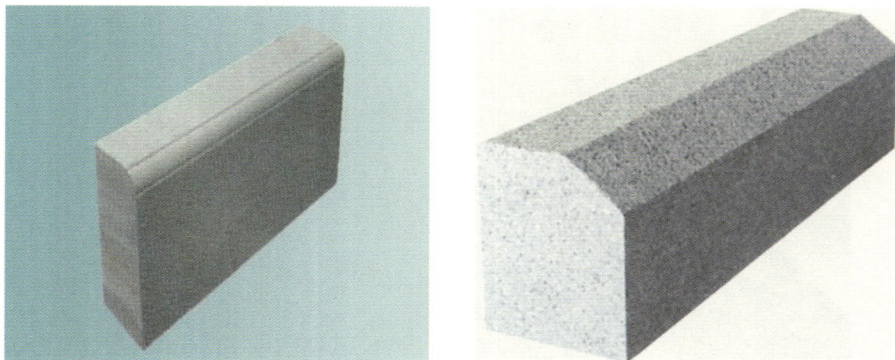

图 3-91　预制路缘石

（2）优越性及绿色建设实效。预制路缘石表面平整、光洁、美观，可大批量生产。

16. 预制集水坑

（1）技术方案。预制清水混凝土，宽度同电缆沟，每隔20m左右设置一处，如图3-92所示 。

图3-92 预制集水坑

（2）优越性及绿色建设实效。预制集水坑强度高、质量轻，可统一规格批量生产。

17. 玻璃钢化粪池

（1）技术方案。璃钢化粪池是以合成树脂为基体，利用玻璃纤维增强材料制作而成的，专门用于处理生活污水的设备，如图3-93所示。玻璃钢化粪池的地点设置距离生活饮用水池不得小于10m，距离地下取水构筑物不得小于30m。玻璃钢化粪池应设置在该地区的冷冻线以下为宜。

（2）优越性及绿色建设实效。玻璃钢化粪池是工厂化、机械化、批量化、整体形生产，采用新工艺、新材料，体积小，有效容积大，质轻高强，安装快捷方便，环保耐用，无须后期维护。

图3-93 玻璃钢化粪池

18. 给排水管道

（1）技术方案。给水管材采用PP-R管，热熔连接。排水管材采用

U-PVC 管，粘接，如图 3-94 所示。

（2）优越性及绿色建设实效。给排水管道轻便、耐磨、弹性好、防锈蚀、免维护。

19. 预制端子箱基础

（1）技术方案。C30 预制清水混凝土，基础顶面高出地面 200mm，基础倒角 R=25mm，如图 3-95 所示。

（2）优越性及绿色建设实效。预制端子箱基础一次成型、表面平整、强度高、耐高温、抗腐蚀性强、使用周期长。

图 3-94　给排水管道

图 3-95　预制端子箱基础

4

绿色建设评价与管控

实施绿色建设的施工工程应进行总体方案策划，在设计阶段应充分考虑绿色施工的总体要求，为绿色施工提供基础条件；在主体工程开工前，应编制针对本工程的绿色施工专项方案，全面落实"四节一环保"的各项措施。如何将绿色施工的理念落地，贯穿施工全过程，实现绿色建设的内涵与目标，关键在于强化施工阶段对执行情况的检查、监督及过程中的评价考核，即对绿色建设的评价与管控。

对绿色建设的评价与管控主要分两个层级：一是省公司层面，评价设计、施工、监理单位，即设计、施工、监理单位评价与管控；二是市公司层面，评价业主、施工、监理项目部，即业主、施工、监理项目部评价与管控。

4.1 设计、施工、监理单位评价与管控

绿色建设施工工程的各参建单位应根据绿色施工总体策划和绿色施工专项方案，落实责任单位和责任人，在施工过程中履行监管、监察和实施中的职责，由建设管理单位在建设全过程组织监督检查。

各参建单位均应严格执行绿色施工专项方案，落实绿色施工措施，并形成专业绿色施工的实施记录。

参建单位应在各自承担的项目建设工作完成后，编制本单位绿色施工管理总结。

国网河北省电力公司对设计、监理单位进行总体评价，线路工程、变电工程的设计、施工、监理合同分别签订的，按照单项工程进行评价考核，无关项不参与评价；线路工程、变电站工程采用一个整体合同的，按照整个工程进行评价考核。针对单项工程表格中的非适用项，不参与评价。

国网河北省电力公司对绿色施工进行不定期阶段性检查指导。过程控制主要按照《设计、施工、监理绿色建设评价表》（如附录 G ~附录 I）相关内容进行过程管控和检查，绿色建设评价考核分开工前、过程中、竣工后三个阶段进行，考核实行百分制，考核总得分为三个阶段考核得分之和。

所有工程设立绿色建设专项考核金，考核金为工程合同金额的 20%，最终考核结果纳入工程结算，考核金支付额 = 考核金 × 评价得分率。

国网河北省电力公司结合每季度开展的三个项目部综合评价，将绿色建设要求落实情况，纳入对三个项目部的综合评价，评价结果纳入同业对标。

参建单位对绿色建设工作整体不重视，导致承建的施工工程连续两次及以上发生绿色建设得分率低于 85 分的，纳入对参建单位的资信评价并与招标投挂钩，视情节严重给予停标 1 ~ 3 批的处理。

4.2 业主、施工、监理项目部评价与管控

工程开工前，业主项目部应编制绿色施工总体策划方案，监理单位应编制绿色建设监理实施细则，设计单位应编制绿色建设设计方案，施工单

位应编制绿色建设实施规划方案。

监理项目部编制的专项绿色施工监理细则,应报业主项目部审核、批准;施工项目部编制的绿色施工专项方案,应报监理项目部审核,业主项目部批准。

施工项目部编制的施工组织设计及施工方案应有专门的绿色施工章节,绿色施工目标明确,内容应涵盖"四节一环保"要求;建立绿色施工培训制度,并有实施记录;工程技术交底应包括绿色施工内容;采用符合绿色施工要求的新材料、新技术、新工艺、新机具进行施工,应提前报审质量、技术、资质等相关文件;工程实施过程中应及时采集和保存过程管理资料、见证资料和自检评价记录等绿色施工资料;在绿色施工评价过程中,应采集反映绿色施工水平的典型图片或影像资料。

监理项目部应制订绿色建设监理相应的管理制度与目标,制订绿色施工检查验收计划,分阶段对办公生活区和施工现场的"四节一环保"执行情况进行检查验收,提出整改要求,实现问题整改闭环管理,形成阶段性的绿色建设专题报告并下发施工单位整改,同时报送业主项目部;应将绿色施工检查纳入日常的监理巡检工作中,每周至少组织或参加一次施工现场绿色建设检查,发现的问题形成监理通知,下发施工项目部进行整改的同时报送业主项目部。

业主项目部负责结合工程特点,编制电网工程绿色建设管理策划文件,监督考核设计、施工、监理单位,全面、全过程落实相关要求;按照合同条款,对各参建单位的工作成效进行评价考核,对于未落实绿色建设要求的相关单位,按照合同和相关评价考核办法进行处罚。

由业主项目部牵头组织考评专家组,开展绿色建设考核评价工作。专家人选原则上从公司系统设计、施工、监理专家库中抽选,重要的 220kV 工程、500kV 工程,必要时适量聘请社会专家。评价专家与工程参建各方不得存有利害关系。

过程中的评价考核,结合安全性评价在施工高峰期进行,线路工程组塔前、架线前分别评价一次,两次评价平均得分记做过程评价得分;变电站工程在主要建筑物基础形成、土建与安装、调试转交前分别评价一次,三次评价平均得分记做过程评价得分。

工程项目投产后，由业主项目部组织进行绿色建设现场评审验收，核查已形成的绿色施工记录和设计、施工、监理绿色建设评价表的符合性，并检查相关的工程实体质量，评估绿色施工实际效果，结合过程中的评价考核结果，对绿色建设施工工程执行效果进行综合评价。

绿色建设施工工程综合评价结果纳入工程结算，依据合同对工程参建单位进行考核，考核金支付额 = 考核金 × 评价得分率。

目前，国网河北省电力公司负责建设管理的 35kV 及以上电压等级的电网基建工程，已全面实现电网工程绿色建设，并不断在实际管理和执行的过程中，深化"四节一环保"的相关技术要求，在很多工程实际实施过程中全面实施（具体实例请见附录 J），不断提升绿色建设水平。

附录 A　500kV 变电站施工图出图时间表

序号	编号	卷册名称	出图时间	备注
土建部分		可行性研究审查意见下发 2 个月内，完成地质详勘，初步设计图纸、施工图纸必须建立在详细地质资料支撑之上，消除重大设计变更		
1	T0101	土建部分卷册目录及总说明	设备定标后 2.5 个月	
2	T0102	站址征地范围图	初步设计审查意见下发后 1 个月	
3	T0103	站区围墙、大门及土方平整图	初步设计审查意见下发后 2.5 个月	
4	T0104（1）	总平面及竖向布置图	初步设计审查意见下发后 2.5 个月	
5	T0104（2）	地下设施施工图	初步设计审查意见下发后 4 个月	
6	T0105	站外道路施工图	初步设计审查意见下发后 2.5 个月	
7	T0201	主控通信楼建筑图	初步设计审查意见下发后 4 个月	
8	T0202（1）	主控通信楼基础图	初步设计审查意见下发后 3 个月	
9	T0202（2）	主控通信楼结构图	初步设计审查意见下发后 3 个月	
10	T0203	1 号 500kV 保护小室建筑结构图	初步设计审查意见下发后 4 个月	
11	T0204	2 号 500kV 保护小室建筑结构图	初步设计审查意见下发后 4 个月	
12	T0205	综合保护室及 380V 配电室建筑结构图	初步设计审查意见下发后 4 个月	
13	T0206	泵房建筑结构图	初步设计审查意见下发后 3 个月	
14	T0301（1）	500kV 屋外配电装置架构基础图	初步设计审查意见下发后 3 个月	
15	T0301（2）	500kV 屋外配电装置架构图	初步设计审查意见下发后 4 个月	
16	T0302	500kV 屋外配电装置设备基础	设备定标后 2.5 个月	

续表

序号	编号	卷册名称	出图时间	备注
17	T0303（1）	220kV 屋外配电装置架构基础图	初步设计审查意见下发后 3 个月	
18	T0303（2）	220kV 屋外配电装置架构图	初步设计审查意见下发后 3 个月	
19	T0304	220kV 屋外配电装置设备基础	设备定标后 2.5 个月	
20	T0305	主变压器基础、中性点支架施工图	设备定标后 2.5 个月	
21	T0306	主变压器架构、防火墙施工图	设备定标后 2.5 个月	
22	T0307	35kV 屋外配电装置设备支架	设备定标后 2.5 个月	
23	T0308	站外电源架构及设备支架施工图	设备定标后 2.5 个月	
24	T0401	事故油池土建结构图	初步设计审查意见下发后 3 个月	
25	T0402	污水井及污水处理装置土建结构图	初步设计审查意见下发后 3 个月	
26	T0403	深水井土建结构图	初步设计审查意见下发后 3 个月	
27	T0404	雨水泵池土建结构图	初步设计审查意见下发后 3 个月	
28	T0501	通用图集	初步设计审查意见下发后 3 个月	
暖通部分				
1	N0101	地源热泵室外管道布置	初步设计审查意见下发后 4 个月	
2	N0102	地源热泵室内管道布置	初步设计审查意见下发后 4 个月	
3	N0101	总部分	初步设计审查意见下发后 4 个月	
4	N0102	建筑物采暖通风及空调布置图	初步设计审查意见下发后 4 个月	
水工部分				
1	S0101	水工总的部分	设备定标后 2.5 个月	
2	S0102	变电站内、外给水排水管道安装图	初步设计审查意见下发后 4 个月	

序号	编号	卷册名称	出图时间	备注
3	S0103	卫生间给排水布置及建筑物灭火配置图	初步设计审查意见下发后 4 个月	
4	S0104	污水处理设施安装图	初步设计审查意见下发后 4 个月	
5	S0105	生活泵房及深井泵房安装图	初步设计审查意见下发后 4 个月	
6	S0106	事故排油管道及事故油池安装图	初步设计审查意见下发后 4 个月	
7	S0107	地下雨水泵池安装图	初步设计审查意见下发后 4 个月	
8	S0108	泡沫消防	设备定标后 2.5 个月	
		电气一次部分		
1	D0101	电气总的部分	设备定标后 5.5 个月	
2	D0102	电气总说明及主要设备材料清册	设备定标后 5.5 个月	
3	D0201	500kV 屋外配电装置	设备定标后 5 个月	
4	D0301	220kV 屋外配电装置	设备定标后 5 个月	
5	D0403	3 号主变压器安装	设备定标后 5 个月	
6	D0501	35kV 无功补偿及配电装置	设备定标后 5 个月	
7	D0601	站用电（上）	设备定标后 5 个月	
8	D0602	站用电（下）	设备定标后 5 个月	
9	D0701	全站防雷接地及电磁屏蔽	初步设计审查后 3 个月	
10	D0801	主控通信楼及站区照明	初步设计审查后 3 个月	
11	D0802	屋外配电装置照明	初步设计审查后 3 个月	
12	D0803	辅助生产建筑物照明	初步设计审查后 3 个月	
13	D0804	保护室照明	初步设计审查后 3 个月	
14	D0901	站外电源部分	设备定标后 5 个月	
15	D1001	500kV 屋外配电装置区电缆敷设	设备定标后 7.5 个月	
16	D1002	220kV 屋外配电装置区电缆敷设	设备定标后 7.5 个月	

续表

序号	编号	卷册名称	出图时间	备注
17	D1003	主变压器及 35kV 配电装置区电缆敷设	设备定标后 7.5 个月	
18	D1004	站区及主控楼电缆敷设	设备定标后 7.5 个月	
19	D1005	全站电缆清册及电缆支架布置图	设备定标后 7.5 个月	
20	D1101	电缆防火	设备定标后 7.5 个月	
21	D1201	蓄电池安装	设备定标后 5.5 个月	
综自部分				
1	R0101	二次线总的部分	设备定标后 7.5 个月	
2	R0102	主变压器二次线	设备定标后 6.5 个月	
3	R0103	主变压器安装接线图	设备定标后 6.5 个月	
4	R0104	直流系统二次线	设备定标后 6.5 个月	
5	R0105	火灾报警二次线	设备定标后 1.5 个月	
6	R0106	安全监视系统	设备定标后 1.5 个月	
7	R0107	变压器消防二次线	设备定标后 6.5 个月	
8	R0201	500kV 线路二次线	设备定标后 6.5 个月	
9	R0202	500kV 断路器二次线	设备定标后 6.5 个月	
10	R0203	500kV 二次线安装接线图	设备定标后 6.5 个月	
11	R0204	500kV 母线设备二次线	设备定标后 6.5 个月	
12	R0205	500kV 公用设备二次线	设备定标后 6.5 个月	
13	R0206	500kV 电抗器二次线	设备定标后 6.5 个月	
14	R0301	220kV 线路二次线	设备定标后 6.5 个月	
15	R0302	220kV 母联二次线	设备定标后 6.5 个月	
16	R0303	220kV 母线设备二次线	设备定标后 6.5 个月	
17	R0304	220kV 公用设备二次线	设备定标后 6.5 个月	
18	R0401	站用电二次线	设备定标后 6.5 个月	
19	R0402	35kV 电容器、电抗器二次线	设备定标后 6.5 个月	
20	R0403	35kV 母线设备二次线	设备定标后 6.5 个月	
21	R0404	35kV 公用设备二次线	设备定标后 6.5 个月	
22	R0501	保护及故障信息管理系统	设备定标后 6.5 个月	
23	R0601	功角测量、故障测距	设备定标后 6.5 个月	
24	R0701	微机监控信息清册	设备定标后 6.5 个月	
通信部分				
1	U0101	载波通信及所内通信	设备定标后 7.5 个月	
2	U0102	调度程控交换机施工图	设备定标后 7.5 个月	

续表

序号	编号	卷册名称	出图时间	备注
3	U0103	通信监控系统施工图	设备定标后 7.5 个月	
4	U0104	通信电源施工图	设备定标后 7.5 个月	
5	U0105	综合数据网设备施工图	设备定标后 7.5 个月	
6	U0106	××站信息网施工图	设备定标后 7.5 个月	

注：设备定标后两周内业主项目部组织召开设联会，设备厂家应派技术人员参会，最迟在会后一周向设计单位提供全部资料。

附录 B 500kV 线路施工图出图时间表

序号	编号	卷册名称	出图时间	备注
		线路电气、结构　　初步设计审查后2个月内完成终堪 （按照 50km 线路考虑，每增加 50km 工期增加 1 个月）		
1		铁塔明细表、平断面定位图、交叉跨越图	初步设计审查后 4.5 个月	
2		基础施工图	初步设计审查后 4 个月	
3		铁塔施工图	初步设计审查后 6.5 个月	
4		电气施工图	初步设计审查后 6.5 个月	
5		总说明书	初步设计审查后 8 个月	

附录 C 220kV 及以下变电站工程施工图出图时间表

序号	项目	图纸名称	出图时间	各卷册涉及的设备供货合同
1	变电站土建	土建卷册目录、总说明	设备定标后 3 个月	全部一次设备
2		站址地理位置及征地范围图	初步设计评审意见下达后 2.5 个月	不涉及
3		围墙、大门、土方平整图	初步设计评审意见下达后 2.5 个月	不涉及
4		总平面及竖向布置图	初步设计评审意见下达后 2.5 个月	不涉及
5		地下设施布置图	初步设计评审意见下达后 2.5 个月	不涉及
6		站外道路施工图	初步设计评审意见下达后 2.5 个月	不涉及
7		综合生产楼建筑图	设备定标后 3 个月	全部一次设备
8		综合生产楼结构图（含基础图）	设备定标后 3 个月	全部一次设备
9		事故油池土建施工图	初步设计评审意见下达后 2.5 个月	不涉及
10		通用图集	初步设计评审意见下达后 2.5 个月	不涉及
11		室外上下水施工图	初步设计评审意见下达后 2.5 个月	不涉及
12		架构基础图	初步设计评审意见下达后 2.5 个月	不涉及
13		水工总的部分	初步设计评审意见下达后 2.5 个月	不涉及
14		火灾报警二次图	初步设计评审意见下达后 2.5 个月	不涉及
15		屋外配电装置（GIS）基础图	设备定标后 3 个月	涉及，若影响工程建设进度，可分地上、地下两次出台
16		室内上下水施工图	设备定标后 3 个月	涉及
17		建筑物消防施工图	设备定标后 3 个月	涉及
18		主变压器消防施工图	设备定标后 3 个月	涉及
19		暖通施工图	设备定标后 3 个月	涉及

续表

序号	项目	图纸名称	出图时间	各卷册涉及的设备供货合同
20		电气一次施工图说明及主要设备材料清册	设备定标后 5.5 个月	全部一次设备
21		电气主接线图及电气总平面布置图	设备定标后 5.5 个月	全部一次设备
22		220kV 配电装置	设备定标后 4.5 个月	220kV GIS、220kV 避雷器
23		110kV 配电装置	设备定标后 4.5 个月	110kV GIS
24		10kV 配电装置	设备定标后 4.5 个月	10kV 开关柜、10kV 限流电抗器、10kV 隔离开关
25		主变压器安装	设备定标后 4.5 个月	220kV 主变压器、高压侧中性点设备、中压侧中性点设备、10kV 避雷器
26		10kV 并联电容器安装	设备定标后 4.5 个月	电容器
27		10kV 并联电抗器安装	设备定标后 4.5 个月	电抗器
28		交流站用电系统及设备安装	设备定标后 4.5 个月	蓄电池
29		接地变压器及其中性点设备安装	设备定标后 4.5 个月	10kV 接地变压器
30	变电站电气	全站防雷、接地	初步设计评审意见下达后 2.5 个月	不涉及
31		全站动力及照明	设备定标后 3 个月	交直流一体化装置
32		电缆桥（支）架及防火	设备定标后 4.5 个月	全部一次设备
33		电缆敷设	设备定标后 5.5 个月	10kV 高压电缆及其附件，全部二次设备
34		二次系统施工说明及设备材料清册	设备定标后 5.5 个月	全部二次设备
35		公用设备二次线	设备定标后 5.5 个月	计算机监控系统，TV 并列转接屏，220、110kV GIS（或隔离开关、接地开关、TV）
36		变电站自动化系统	设备定标后 5.5 个月	计算机监控系统
37		220kV 线路保护及二次线	设备定标后 5.5 个月	220kV 线路保护 1、220kV 线路保护 2、计算机监控系统、三相智能电能表、220kV 电能表屏、220kV GIS（或 220kV 断路器、隔离开关、接地开关、TA）、状态监测系统、电能质量监测屏

续表

序号	项目	图纸名称	出图时间	各卷册涉及的设备供货合同
38	变电站电气	220kV 母联、母线保护及二次线	设备定标后 5.5 个月	220kV 母联保护、220kV 分段保护、计算机监控系统、220kV GIS（或 220kV 断路器、隔离开关、接地开关、TA）、状态监测系统、220kV 母线保护 1、220kV 母线保护 2
39		110kV 线路保护及二次线	设备定标后 5.5 个月	110kV 线路保护、计算机监控系统、三相智能电能表、110kV 电能表屏、110kV GIS（或 110kV 断路器、隔离开关、接地开关、TA）、状态监测系统
40		110kV 母联、母线保护及二次线	设备定标后 5.5 个月	110kV 母联（分段）保护、计算机监控系统、110kV GIS（或 110kV 断路器、隔离开关、接地开关、TA）、状态监测系统、110kV 分段备自投、110kV 母线保护
41		主变压器保护及二次线	设备定标后 5.5 个月	220kV 变压器、主变压器保护屏 A、主变压器保护屏 B、主变压器保护屏 C、计算机监控系统、主变压器过负荷联切联切、三相智能电能表、主变压器电能表屏、220kV GIS（或 220kV 断路器、隔离开关、接地开关、TA）、状态监测系统、110kV GIS（或 110kV 断路器、隔离开关、接地开关、TA）、10kV 开关柜（或 10kV 断路器、10kV 隔离开关、接地开关、TA）、中性点接地开关、有载调压控制箱、主变压器消防系统

续表

序号	项目	图纸名称	出图时间	各卷册涉及的设备供货合同
42		故障录波及网络记录分析系统	设备定标后 5.5 个月	故障录波装置、保护信息管理系统
43		10kV 二次线	设备定标后 5.5 个月	10kV 保护测控装置（屏）、三相智能电能表、10kV 消弧线圈、10kV 消弧线圈控制屏、10kV 开关柜（或 10kV 断路器、10kV 隔离开关、接地开关、TA）、380V 备自投（屏）、380V 低压配电屏、计算机监控系统
44	变电站电气	时间同步系统	设备定标后 5.5 个月	GPS 对时
45		交直流电源系统	设备定标后 5.5 个月	交、直流一体化电源系统
46		辅助控制系统	设备定标后 5.5 个月	生产辅助系统
47		火灾报警系统	设备定标后 5.5 个月	火灾报警
48		状态监测系统	设备定标后 5.5 个月	状态监测系统后台主机
49		调度自动化系统	设备定标后 5.5 个月	调度数据网屏、调度数据网路由器、调度数据网交换机、二次安全防护装置、电量采集装置
50		站内通信	设备定标后 5.5 个月	通信设备

附录 D　220kV 及以下线路工程施工图出图时间

序号	编号	卷册名称	出图时间	备注
线路电气、结构　　初步设计审查后 2 个月完成终堪 （按照 50km 线路考虑，每增加 50km 工期增加 1 个月）				
1		铁塔明细表、平断面定位图、交叉跨越图	初步设计审查后 4.5 个月	
2		基础施工图	初步设计审查后 4 个月	
3		铁塔施工图	初步设计审查后 6.5 个月	
4		电气施工图	初步设计审查后 6.5 个月	
5		总说明书	初步设计审查后 8 个月	

附录 E　110kV 变电站工程施工图出图时间表

序号	分部	图纸名称	到图时间	各卷册涉及的设备供货合同名称
1		站址地理位置及征地范围图	初步设计评审后 2.0 个月	不涉及
2		围墙、大门、土方平整图	初步设计评审后 2.0 个月	不涉及
3		总平面及竖向布置图	初步设计评审后 2.0 个月	不涉及
4		地下设施布置图	初步设计评审后 2.0 个月	不涉及
5		站外道路施工图	初步设计评审后 2.0 个月	不涉及
6		事故油池施工图	初步设计评审后 2.0 个月	不涉及
7		深水井土建施工图	初步设计评审后 2.5 个月	不涉及
8		综合保护室建筑结构图	设备定标后 2.0 个月	10kV 开关柜
9		附属建筑结构图	初步设计评审后 2.5 个月	不涉及
10		主变压器事故排油管道	初步设计评审后 2.5 个月	不涉及
11		站内给排水管道安装图	初步设计评审后 2.5 个月	不涉及
12		110kV 屋外配电装置架构基础	设备定标后 2.0 个月	不涉及
13		火灾报警图	初步设计评审后 2.5 个月	相关设备
14		全所接地、照明	初步设计评审后 2.5 个月	不涉及
15		110kV 屋外配电装置架构	设备定标后 2.0 个月	架构钢杆
16		110kV 屋外配电装置设备支架及基础	设备定标后 2.0 个月	110kV 屋外 GIS、110kV 避雷器、110kV 电压互感器
17		卫生间给排水管道及建筑灭火器配置图	初步设计评审后 2.5 个月	相关设备
18		主变压器架构基础设备支架及母线桥	设备定标后 2.0 个月	主变压器、母线桥
19		建筑物采暖、空调通风	初步设计评审后 5.5 个月	空调等设备协议
20		户外电容器电抗器基础	设备定标后 2.0 个月	电容器、电抗器、站用电压器
21		水工总的部分	初步设计评审后 5.5 个月	供水等设备
22		暖通总的部分	初步设计评审后 5.5 个月	相关设备
23	变电站电气	电气总的部分	设备定标后 6 个月	全部一次设备
24		材料汇总表	设备定标后 6 个月	全部一次设备

续表

序号	分部	图纸名称	到图时间	各卷册涉及的设备供货合同名称
25	变电站电气	110kV 屋外配电装置	设备定标后 6 个月	110kV 屋外 GIS、110kV 避雷器、110kV 电压互感器
26		10kV 屋内配电装置	设备定标后 6 个月	10kV 开关柜、10kV 穿墙套管
27		主变压器安装	设备定标后 6 个月	110kV 主变压器、高压侧中性点设备、中压侧中性点设备
28		站用变压器	设备定标后 6 个月	10kV 变压器、380V 低压配电盘
29		电缆敷设	设备定标后 6 个月	全部二次设备
30		10kV 电容器安装	设备定标后 6 个月	10kV 电容器
31		电缆防火	设备定标后 6 个月	10kV 开关柜、110kVGIS 等设备
32		安全监视系统二次图	设备定标后 6 个月	辅助生产系统
33		110kV 线路二次线	设备定标后 6 个月	110kV 线路保护、计算机监控系统、三相智能电能表、110kV 电能表屏、110kV GIS（或 110kV 断路器、隔离开关、接地开关、TA）
34		110kV 母联二次线	设备定标后 6 个月	110kV 母联（分段）保护、计算机监控系统、110kV GIS（或 110kV 断路器、隔离开关、接地开关、TA）、110kV 分段备自投
35		110kV 公用设备二次线	设备定标后 6 个月	计算机监控系统、110kV GIS（或 110kV 隔离开关、接地开关、TV）、110kV TV 并列及电压转接屏、保护及故障信息采集系统
36		主变压器二次线	设备定标后 6 个月	110kV 变压器、主变压器保护屏、计算机监控系统、主变压器过负荷联切联切、三相智能电能表、主变压器电能表屏、状态监测系统、110kV GIS（或 110kV 断路器、隔离开关、接地开关、TA）、10kV 开关柜、中性点接地开关、有载调压控制箱

序号	分部	图纸名称	到图时间	各卷册涉及的设备供货合同名称
37	变电站电气	10kV 公用设备二次线	设备定标后 6 个月	计算机监控系统、10kV 低周低压减载屏、10kV 开关柜（或 10kV 隔离开关、接地开关、TV）
38		10kV 电容器二次线	设备定标后 6 个月	计算机监控系统、10kV 电容器保护测控装置（屏）、三相智能电能表、10kV 开关柜（或 10kV 断路器、10kV 隔离开关、接地开关、TA）
39		10kV 线路及分段二次线	设备定标后 6 个月	计算机监控系统、10kV 线路保护测控装置（屏）、10kV 分段保护测控装置（屏）、10kV 开关柜（或 10kV 断路器、10kV 隔离开关、接地开关、端子箱、TA）、三相智能电能表、10kV 备自投、10kV 电压并列
40		直流系统二次线	设备定标后 6 个月	交、直流一体化电源系统
41		所用电二次线	设备定标后 6 个月	10kV 站用变压器、10kV 接地变压器、10kV 站用变压器保护测控装置（屏）、10kV 接地变压器保护测控装置（屏）、三相智能电能表、10kV 消弧线圈、10kV 消弧线圈控制屏、10kV 开关柜、380V 备自投（屏）、380V 低压配电屏、计算机监控系统
42		二次线总的部分	设备定标后 6 个月	计算机监控系统、交、直流一体化电源系统、GPS 对时屏、电量采集装置、电量采集屏、调度数据网屏、调度数据网路由器、调度数据网交换机、二次安全防护装置

附录 F　110kV 线路工程施工图出图时间

序号	编号	卷册名称	出图时间	备注
		线路电气、结构　　初步设计审查后 2 个月完成终堪 （按照 50km 线路考虑，每增加 50km 工期增加 1 个月）		
1		铁塔明细表、平断面定位图、交叉跨越图	初步设计审查后 4.5 个月	
2		基础施工图	初步设计审查后 4 个月	
3		铁塔施工图	初步设计审查后 6.5 个月	
4		电气施工图	初步设计审查后 6.5 个月	
5		总说明书	初步设计审查后 8 个月	

附录 G　设计单位绿色建设考核评价表

评价阶段	序号	评价项目	标准分值	评价标准	加减分描述	实际得分值	备注
开工前	1	绿色建设标准辨识、评价和培训	5	绿色建设标准辨识、评价全面，对参与工程设计人员进行针对性培训，培训资料、培训记录齐全。 未建立针对项目设计的绿色建设有效文件清单扣 4 分； 标准缺失、过期每条扣 1 分； 未按要求开展培训并留存培训记录扣 4 分			
	2	绿色设计要点方案	15	结合工程特点，编制绿色设计要点方案，并作为指导工程开展细节绿色设计的纲领性文件。要点方案要紧跟时代发展潮流，切实落实国家和国家电网公司"四节一环保"有关规定，并力求实现创新突破。 未编制绿色设计要点方案扣 1C 分； 绿色设计要点方案未明确对应设计项的评价阶段、评价项目标准分值、评价标准加减分、描述实际得分值、备注序号责仁人和完成标准的，每项扣 3 分； 绿色设计方案中未明确限额控制指标的，每项扣 3 分； 绿色设计方案中实现限额控制指标的措施不具体、针对性不强的，每项扣 2 分			
	3	绿色设计的阐述、说明和交底	10	按要求将绿色设计的理念、标准和措施落实在各阶段设计文件中，并向施工单位进行技术交底。 未在初步设计文件、初步设计汇报片中以专篇或专门章节阐述绿色设计理念和方案措施的，扣 3 分； 未在设计交底中明确绿色施工内容的，扣 2 分； 未在施工图中明确绿色设计限额控制指标，未落实相关控制措施的，每处扣 1 分			
	4	节地及集约利用土地	8	站址位置、朝向以及电缆沟出线方向缺乏规划，致使进出线困难，过渡电缆长度增加，进站道路长度增加的，评价阶段、评价项目标准分值、评价标准加减分、描述实际得分值、备注序号开工前，扣 5 分			

评价阶段	序号	评价项目	标准分值	评价标准	加减分描述	实际得分值	备注
开工前	4	节地及集约利用土地	8	外业调查不细、不实，致使变电站附带边角余地征地超过站址永久征地的25%的，扣3分			
				变电站水平及竖向设计不合理，征地范围内出现连片未利用地，且未利用地超过总征地面积的5%的，扣2分			
				"两型一化""两型三新"执行出现漏项，未结合站址区域、线路沿线发展规划合理选择变电站设计方案和线路通用塔型的，扣5分			
				未结合站址区域地质地貌，对临时建、构筑物的建造位置、用地面积做出规定和要求的，扣2分			
				未结合线路沿线交通、地貌、人文风情和线路交跨等情况，给出推荐的放线段区划以及张牵场搭建位置的，扣评价阶段、评价项目标准分值、评价标准加减分、描述实际得分值备注序号的，扣3分			
				开展机械化施工设计，未对沿线道路交通情况进行深入调查，不能给出建议通行方案和占地必要性论述的，扣3分			
				地质情况复杂地区未就采用灌注桩、高低腿基础，致使大面积开挖，较常规占地增加30%及以上的，扣2分			
				规划区、走廊狭窄地区、土地资源稀缺地区，未结合工程特点开展同塔多回、钢管杆、窄基塔应用，致使线路走廊协调困难，林木砍伐、建筑拆迁量过大的，扣5分			
	5	节能与能源利用	8	变电站总体规划与当地规划对接不紧密，未充分利用就近的生活、交通、消防、给排水等设施，引发重复建设开工前资金耗费30万元以上的，扣3分			
				未结合气候特点开展建筑物外墙外立面设计，建筑物保温层设置不合理，热工参数不符合国家标准规定的保温、防结露和气密性规定的，扣3分			
				建筑物外墙框架梁、柱以及挑出的构件等可能出现热桥的部位，未采取可靠地热阻断或保温措施，致使房间降温、保暖能耗过大，传导点墙面出现凝露的，扣5分			

评价阶段	序号	评价项目	标准分值	评价标准	加减分描述	实际得分值	备注
开工前	5	节能与能源利用	8	建筑物未按要求采用节能灯具，照明灯具布设过多，照度超标的，扣2分； 未对永久机电设备的能效指标提出专项要求，或提出的要求低于国家标准的，扣3分			
				未对工程所用的乙供建筑、装修材料、门、窗、大门等提出能耗性能要求，致使因局部、单一设备及材料选择 –64– 评价阶段、评价项目标准分值、评价标准加减分、描述实际得分值备注序号开工前不当，影响工程整体能效的，扣3分			
				线路路径选择不严谨，致使线路曲折系数超过1.15，且又无正当理由或政策文件支撑约束的，扣3分			
				导线或电缆截面积选择不合理，排列方式不合理，接地线接地方式不正确，致使线路运行电压降落较大，零序阻抗超标，引发同塔多回线路、同沟多回电缆互相影响，能耗增大，或严重干扰通信线路正常运行的，扣5分			
				未采用节能金具，未对线路架线质量提出保证措施降低电晕放电的，扣2分； 未结合气象特点、土壤电阻率对杆塔接地型式、接地材料选择做出技术经济比较，致使线路接地装置快速腐蚀或雷击跳闸率超标的，扣5分			
	6	节水与水资源利用	8	未结合工艺要求，控制建筑物层高、体积和火灾危险类别，致使非必要工程装设了消防给水系统，造成工程用水量大幅增加的，扣4分			
				前期调查不细致，致使可以引接市政管网的工程，采取了开采地下水供水方案的，扣4分			
				消防水池、集水井等地下储水设施，未按照国家要求采用抗渗混凝土结构的，扣2分			
				永久建筑的给排水管道、洁具、阀门等，未采用节水节能产品，未对乙供给水设备、管道提出技术要求，致使节水目标无法实现的，扣3分			

评价阶段	序号	评价项目	标准分值	评价标准	加减分描述	实际得分值	备注
开工前	6	节水与水资源利用	8	雨水充沛地区未结合总平面布局设计雨水收集设施，未开展雨水二次利用设计的，扣3分			
				通行条件好、具备机械化施工条件的线路工程，未提出 -66- 评价阶段、评价项目标准分值、评价标准加减分、描述实际得分值备注序号利用预拌混凝土、商品混凝土节约用水设计的，扣3分			
				地下水位高、水量大地区线路施工，未针对工程特点采取灌注桩基础、封闭降水等措施减少地下水抽排的，扣3分			
	7	节材与材料资源利用	10	未结合工程近、远期规划和维护管理要求开展主接线、建构筑物、维护维修设施、电气设备型式、规模分析，盲目上马，致使建筑房间、工器具备品备件、空间隔设备出现闲置的，扣3分			
				线路、变电站设计时，论证不精准，致使设备、材料型号规格多、差异性大，降低了设备、材料的通用互换能力的，扣3分			
				因调查、调研不细，致使线路曲折系数超过1.15，线路耐张、直线杆塔数量超过通用造价10%，且又无正当理由的，扣5分			
				因总平面布置不合理，盘柜排列不合理，致使各场区之间的连接电缆、光缆的数量或长度超出典型工程10%的，扣2分			
				未对建筑物门窗、电气工艺连接孔洞、突出建筑主体的雨棚等进行统一策划，致使墙面外立面模数不统一，使得施工难度加大，面砖等型材浪费较多的，扣2分			
				建筑物、构筑物、基础、铁搭、导线等，未结合国网"四绿五新"建设要求采用钢结构、高强钢、高强混凝土的，扣2分			
				未结合地质特点开展原状土基础设计，未对基础埋深、底盘宽度、直径等进行优化的，扣2分； 未结合地质腐蚀情况，合理确定混凝土强度等级和保护层厚度以及添加剂品种数量，减少混凝土腐蚀的，扣2分			

续表

评价阶段	序号	评价项目	标准分值	评价标准	加减分描述	实际得分值	备注
开工前	7	节材与材料资源利用	10	未结合工程条件、环境特点、电缆类型，对电缆区段进行优化设置，致使电缆中间头数量超标，配套接地箱、护层保护器用量增大的，扣2分			
	8	环境保护	8	线路及变电站选址选线调查不实，未有效利用劣地、荒地、坡地，占用基本农田、耕地数量过多，压覆矿产或砍伐成片林的，扣5分			
				未对站址土方平衡方案进行系统优化，在具备条件的情况下，未实现土方平衡，出现集中性的土方外购和外排的，扣3分			
				变电站建筑结构、设备布局、出线方向布设不合理，致使噪声排放超标、干扰居民正常生产生活的，扣10分			
				未对充气、充油设备的密封性能提出要求，未安装气体泄漏在线监测装置，未对建筑、装修材料的有毒有害气体排放给出指标限定的，扣3分			
				未对主设备噪声指标提出控制要求，未就降低噪声、振动提出材料选购和工艺装配要求的，扣3分			
				未对变电站内管道设置进行统一策划，致使雨、油管道混合，油水分离失效，污水未经处理排放的，扣5分			
				线路路径选择未合理避让原始森林、自然保护区、风景名胜区、生态脆弱区，未就无法避让的片林采取高跨方案的，扣5分			
				未结合线路地质地形开展灌注桩、高低腿、掏挖基础设计，造成地质地貌不应有的大的扰动和生态影响破坏的，扣3分			
过程中	1	绿色建设交底	5	结合出图进度和设计交底进展情况，将绿色设计的理念、技术措施、管理要求等向施工单位、施工项目部进行交底，交底留存记录。每缺少一项交底或记录，扣1分			
	2	绿色施工评价	5	按要求参加业主组织的绿色施工推进会，协同审查施工单位、施工项目部编制的绿色施工方案措施，检查施工单位在材料采购、作业工序、环境保护、材料节约等方面的工作成效。不按期、按要求参会的，每次扣1分；在方案评估中履职尽责有欠缺、技术监督不到位的，每次扣1分			

评价阶段	序号	评价项目	标准分值	评价标准	加减分描述	实际得分值	备注
过程中	3	材料环保验收	5	按照绿色设计要点、图纸描述及技术交底要求，开展设备、材料到场验收，剔除不符合节能、环保政策要求的设备、原材料。 设备、材料进场验收环节，职责履行不到位的，每次扣1分； 验收过程走过场，致使不合格材料进入使用环节的，每次扣2分			
	4	绿色方案调整	5	建设过程中，发生政策法规调整、重大技术变革，重要方案变更，要结合具体情况，重新开展绿色设计并交底。 设计单位未履行动态识别、评价、执行最新绿色建设标准规范要求的，每项扣1分； 方案、法规、建设环境发生变化后，未及时调整相关设计方案、技术参数、控制标准的，每次扣1分； 未结合方案变动进行绿色施工交底的，每次扣1分			
竣工后	1	指标评估	10	"四节一环保"目标成功实现，建设过程中未发生重大设计变更引发的大宗人、材、机浪费，噪声、能耗、环保等各项措施有效发挥作用，工程四邻和谐。 因设计失误，发生重大设计变更，导致人、材、机消耗金额超过10万元的，每次扣2分； 绿色设计控制指标未到达预期目标，每项扣2分； 建设过程中及项目建成试运一个月内，因设计原因引发四邻或政府职能部门投诉控告，且对方诉求合情、合理、合法的，每次扣2分； 施工图未按照附录C~附录F规定的时间和顺序出图，影响现场"四节一环保"工作开展的，每项扣2分			
	2	总结评价	3	工程竣工一个月内，提交绿色设计工作总结，对项目建设成效、经验以及不足进行系统论述，提出改进措施，指导后续工程绿色设计有效开展。 未按要求提交绿色设计总结的，扣3分； 提交总结质量不高，缺少针对性分析论述的扣2分； 未进行经验固化总结，未分析存在不足并制订后续改进措施的，扣2分			

附录 H　监理单位绿色建设考核评价表

评价阶段	序号	评价项目	标准分值	评价标准	加减分描述	实际得分值	备注
开工前	1	绿色建设标准辨识、评价和培训	5	监理单位及监理项目部建立绿色监理管理体系，明确各部门、各人员职责分工，制订有效的奖惩机制，与项目部签订绿色监理责任状。 绿色管理体系未实现全覆盖的，扣2分； 各部门、各人员职责不明确的，每处扣1分； 未制订有效的奖惩机制的，扣2分； 监理单位未与项目部签订绿色监理责任状的，扣2分			
	2	绿色监理要点方案	10	在监理规划中，专篇编制绿色监理方案，按规定履行审批程序。绿色监理方案"四节一环保"目标应具体明确，并与业主设计制订的目标相吻合。绿色监理方案应包括环境保护、节材、节水、节能、节地的相关管理、跟踪、见证、验收措施。 未专篇编制绿色监理方案，扣5分； 绿色监理方案未履行审批程序的，扣3分； 绿色监理方案"四节一环保"目标不明确，或达不到业主、设计制订的限额指标的，每项扣2分； 措施不具体，与工程特点结合不紧密的，每项扣1分			
	3	绿色监理教育培训	5	监理单位建立绿色施工标准、规范、制度的辨识、评价、发布、执行动态管理机制，确保国家、行业、业主的最新要求能够得到识别和落实。监理单位、监理项目部将绿色监理纳入日常教育培训，留存培训记录。制订制度，明确绿色监理交底管理，确保绿色监理理念、措施逐级传递不衰减，确保各项要求纵向贯通到落实层级。 未建立标准、规范辨识、评价、执行体系的，扣5分； 未建立有效的培训管理制度的，扣5分； 未按要求留存培训记录的，或培训记录有缺失的，每项扣1分； 未制订专项制度，规范绿色监理交底的，扣5分			

评价阶段	序号	评价项目	标准分值	评价标准	加减分描述	实际得分值	备注
过程中	1	方案措施审查	20	对设计、施工报送的绿色建设总体方案、专项方案进行审查把关，指出不足，纠正错误，整体提升绿色建设策划质量。 　方案把关不严格，设计、施工主要策划引用过期标准、文件的，每项扣1分； 　"四节一环保"目标定位明显低于国家、行业有关规定，而未给予纠正的，每项扣2分			
				"四节一环保"管控措施与工程建设环境、特点吻合度低、可操作性差，未给出改进意见、建议并监督落实的，每项扣2分； 　设计、施工方案内部会签流程不规范，未指出错误，给予纠正的，每项扣1分			
	2	原材跟踪检验	10	依据国家、行业、设计文件给定的能耗及环保指标，对进场的金属材料、小型设备、沙石水泥等进行环保及能耗检测，合格后方可进场使用，同时做好进场检验记录。 　未按照要求开展原材料、设备进场见证，或因工作疏忽，造成原材、设备漏检的，每项扣2分； 　工作不履职尽责，使不合格材料设备用于工程实体引发返工的，每项扣4分			
	3	机械设备跟踪检验	10	对进驻现场的施工机械、工器具开展能耗及环保检查验收，禁止国家明令淘汰的机械进场使用；对施工机械、机具型号、功率、效能进行排查，对照施工方案，结合现场作业实际，确保机械、设备选择正确，杜绝轻载、过载，确保经济适用			
				审核把关不严，致使国家明令禁止的机械设备进驻现场作业的，每项扣4分； 　施工机械、机具功率、效能与施工方案或作业现场不相符合，未进行制止和纠正，造成能源消耗超标的，每项扣2分； 　施工机械、机具未建立维护保养制度，噪声、有毒有害气体排放超标，未下发整改通知，要求更换和维修改造的，每项扣3分			

评价阶段	序号	评价项目	标准分值	评价标准	加减分描述	实际得分值	备注
过程中	4	作业措施管控	10	监督设计、施工单位落实方案措施中"四节一环保"各项措施要求，确保目标保障措施规范有序执行。 未结合现场实际及设计、施工单位方案措施编制"四节一环保"现场作业关键环节见证一览表的，扣5分； 未按照见证表要求，对节能、节水、节材、节地及环保措施进行旁站监督见证的，每项扣1分； 发现施工单位使用不合格工具、材料，未制止纠正的，每项扣1分； 作业现场条件发生变化，致使原有施工方案发生重大偏差，未立即要求停工，完成方案措施重新编制报审的，每项扣3分			
	5	关键节点管控	15	未按照要求对永久占地、临时占地范围进行见证确认的，每项扣3分； 未按照要求对变电站围墙、配电楼、主设备基础以及线路深基坑基础进行开槽见证的，每项扣3分			
				未按照要求对大体积混凝土浇筑、大跨度构件安装的绿色施工措施执行情况进行见证，督导其落实节能、节材措施的，每项扣5分			
				未按要求见证、统计首样电缆敷设、型材加工、导/地线展放等批量型作业的节地、节能、节材、节水、环保措施执行情况及执行效果的，每项扣2分			
				未对余土外排、建筑垃圾外排进行跟踪验证，证实其排放途径符合政府职能相关主管部门管理要求的，每项扣3分			
				未对绝缘油、SF_6气体回收处理进行见证管控，未对具有污染大气、土壤属性的稀料、油漆、电池、墨盒等材料进行回收见证的，每项扣2分			
				未建立现场用水、用电跟踪检查机制，未对现场用水、用电指标开展监督分析，提出整改意见的，扣2分			

评价阶段	序号	评价项目	标准分值	评价标准	加减分描述	实际得分值	备注
过程中	5	关键节点管控	15	土方挖填、平整，基础开挖等工作，未就生、熟土分开存放以及耕植土恢复地貌开展见证、督导的，每项扣2分			
				未对变电站事故油池、蓄水池、搅拌混凝土的沉淀池以及线路灌注桩泥浆池进行防渗验收的，每项扣2分；未对事故油池油水分离管道标高进行见证验收的，每项扣2分；未对污水处理设备进行工作状况、处理效果进行评估验收的，每项扣3分			
竣工后	1	指标评估	10	"四节一环保"目标成功实现，建设过程中践行绿色监理承诺，各项控制措施监督执行到位，工程四邻和谐。绿色监理管控措施落实不到位，导致工程局部返工，造成人、材、机消耗金额超过10万元的，每次扣2分；因监理工作不到位，致使工程绿色建设控制一般项出现不符合的，每项扣2分，有选项出现不符合的，每项扣1分			
				因监理愿意，致使工程绿色建设主控目标未实现的，每项扣2分；建设过程中及项目建成试运一个月内，因监理失职导致四邻及政府职能部门投诉或控告，且对方诉求合情、合理、合法的，每次扣2分			
	2	总结评价	5	工程竣工一个月内，提交绿色监理工作总结，对项目建设成效、经验以及不足进行系统论述，提出改进措施，指导后续工程绿色监理有效开展。未按要求提交绿色监理总结的，扣3分；提交总结质量不高，缺少针对性分析论述的扣2分；未进行经验固化总结，未分析存在不足并制订后续改进措施的，扣2分			

附录 I 施工单位绿色建设考核评价表

评价阶段	序号	评价项目	标准分值	评价标准	加减分描述	实际得分值	备注
开工前	1	绿色施工组织管理	5	施工单位及施工项目部建立绿色施工管理体系，明确各部门、各人员职责分工，制订有效的奖惩机制，与项目部签订绿色施工责任状。 绿色管理体系未实现全覆盖的，扣2分； 各部门、各人员职责不明确的，每处扣1分； 未制订有效的奖惩机制的，扣2分； 施工单位未与项目部签订绿色施工责任状的，扣2分			
	2	绿色施工要点方案	10	在施工组织设计中专篇编制绿色施工方案，按规定履行审批程序。绿色施工方案"四节一环保"目标应具体明确，并与业主设计制订的目标相吻合。绿色施工方案应包括环境保护措施、节材措施、节水措施、节能措施、节地与施工用地保护措施。 未专篇编制绿色施工方案的，扣5分； 绿色施工方案未履行审批程序的，扣3分； 绿色施工方案"四节一环保"目标不明确，或达不到业主、设计制订的限额指标的，每项扣2分； 措施不具体，与工程特点结合不紧密的，每项扣1分			
	3	绿色施工教育培训	5	施工单位建立绿色施工标准、规范、制度的辨识、评价、发布、执行动态管理机制，确保国家、行业、业主的最新要求能够得到识别和落实。施工单位、施工项目部将绿色施工纳入日常教育培训，留存培训记录。制订制度，明确绿色施工交底管理，确保绿色施工理念、措施逐级传递不衰减，确保各项要求纵向贯通到落实层级。 未建立标准、规范辨识、评价、执行体系的，扣5分； 未建立有效的培训管理制度的，扣5分； 未按要求留存培训记录的，或培训记录有缺失的，每项扣1分； 未制订专项制度，规范绿色施工交底的，扣5分			

续表

评价阶段	序号	评价项目	标准分值	评价标准	加减分描述	实际得分值	备注
开工前	4	绿色施工装备投入	5	施工单位、施工项目部根据绿色施工、绿色检验要求，购置相关施工机械、工器具、检测仪器，确保绿色施工的物质保证条件。 吊装、运输、放线等大型机具更新迟缓，采用国家明令淘汰的机械装备的，每项扣3分； 未配置空气质量检测、水污染检测、有毒有害气体检测仪器设备的，每项扣2分			
过程中	1	节地与施工用地保护	13	施工总平面规划不合理，未有效利用工程沿线原有建筑物、构筑物、道路、管线等为施工提供便利条件，致使重建费用超过30万元、增加占地超过5亩的，扣3分			
				未通过搭建多层临时建筑、开展型材多层存放、实施钢筋配送加工的节约用地措施，致使500 kV工程办公区、生活区占地面积超过50m×70m，加工区、材料区占地面积超过35m×70m的，扣4分； 致使220kV工程办公区、生活区占地面积超过40m×50m，材料加工存放区占地面积超过30m×60m得，扣3分			
				临时建筑未结合近、远期建设以及施工工序衔接，利用待用地、代征地减少额外占地的，扣5分			
				物资供应计划制订、执行不严谨，工程现场钢筋、水泥、导线、塔材、金具大量积压，导致临时占地面积增大的，扣2分			
				线路工程施工策划不到位，未按照区段化施工要求，实现基础、组塔、架线联动作业，导致线路沿线及线下临时占地多出一季的，扣3分			
				未结合导线截面积、杆塔结构、张牵设备以及交叉跨越等具体情况，策划导/地线展放方案，合理确定放线段长度，导致跨越架多次重复搭设、张牵场设置过密的，扣3分			
				未对深基坑方案进行优化，采取合理有效的支护、防护措施，减少土方开挖、回填和临时占地的，扣3分			

评价阶段	序号	评价项目	标准分值	评价标准	加减分描述	实际得分值	备注
过程中	2	节能与能源利用	10	使用国家明令淘汰的施工装备，使用技术明显落后的施工方案，致使能耗指标明显偏高的，每项扣3分			
				施工现场未设置分区电能计量核算的扣1分； 未结合项目实际，开展作业面、作业工序策划，导致施工机械、机具数量超过定额机械用量的，扣2分			
				机械、机具容量选择不合理，现场使用存在低载、过载现象的，扣2分； 未结合现场用电情况，采取节能灯具、节能导线的，扣1分			
				未结合现场规划临建，未有效采取保温隔热材料，致使建筑物形体、间距、朝向没有达到最优，降低采光、通风、保暖效果的，扣2分			
				不按设计给出能效参数、技术参数采购设备材料，使得空调、变频泵、门窗等设备、材料的能效指标下降，保温隔热性能下降的，每项扣2分			
				未结合设计文件要求就如何阻断热桥交换制订专项施工方案、采取针对性防空措施的，扣2分； 措施执行效果不佳，致使热桥交换部位形成结露、霉斑的，扣5分			
	3	节水与水资源利用	10	现场未开展用水计量、核算的，扣1分； 未针对频繁用水点铺设供水管道，导致大量用水二次转运，引发运输损耗的，扣2分			
				现场供水网络未进行密封试验，未采用节水洁具，造成水资源浪费的，扣3分			
				条件适合地区的变电站，未设立雨水收集再利用系统，未开展雨水、二次水降尘、冲洗车辆、花草养护的，扣3分			
				变电站、线路，具备通行条件的，未有效采用商品混凝土、预拌混凝土减少现场用水及水资源浪费的，扣2分			

评价阶段	序号	评价项目	标准分值	评价标准	加减分描述	实际得分值	备注
过程中	3	节水与水资源利用	10	地下水位高、地下水连片区域，未就施工降水方案进行论证优化，未采取封闭降水等先进降水工艺，致使大量地下水外排的，扣3分			
				混凝土搅拌混合、养护未编制节水方案或措施不具体、可执行性差的，扣2分； 未对施工用水进行分类，未制订限制地下水开采措施的，扣3分			
	4	节材与材料资源利用	12	未在图纸会审环节开展材料用量精准测算，致使地材采购量较使用量超出5%且无法循环利用的，扣3分			
				未结合施工进度计划编制材料供应计划，致使材料到达现场后长期处于存放备用状态，导致散装材料变质、损坏、洒落的，扣2分			
				未建立基于项目特点的材料采购、存储、发放管理制度，实现材料全过程可追溯管理的，扣5分； 未开展地材辨识，500km范围内地材使用比例小于70%的，扣3分； 未结合总平面布局、施工工序安排，开展设备材料就近存放规划实施的，扣2分			
				批量钢筋未实行工厂化加工配送的，扣1分； 未执行省公司预制件管理规定的扣2分； 未对建筑安装结构以及临时防护、支撑环节中的规格型号统一的水泥制品、钢制品进行统一策划，实行批量工厂加工配送的，扣2分； 未对钢筋接头进行优化减少裁切或搭接，导致现场加工损耗过多的，扣2分			
				未对大体积混凝土、大跨度建筑物以及深基础施工方案进行必选论证，未提出有效地减少材料耗费措施的，扣2分； 未对墙面、地面贴砖进行总体策划，实现整模对接，减少材料用量的，扣1分； 未对临时用材料进行周转再利用策划的，扣1分； 未结合工程实际情况，采用非木质的新材料或人造板材代替木质板材的，扣1分			

评价阶段	序号	评价项目	标准分值	评价标准	加减分描述	实际得分值	备注
过程中	4	节材与材料资源利用	12	现场办公、生活用房等临时建筑，未通过事先策划选用周转性活动房、装配式围挡、可多次使用的广场砖，导致临建材料可重复利用率低于70%的，扣2分			
				未对站内临时用电、给水、通信、监控等管网进行规划设计，未对直埋、过路段管道、线缆采取防护措施，导致管材、线缆用量超出正常范围或大量损坏无法周转使用的，扣3分			
				线路敷设路径测量不精准，导/地线接头位置设置不合理，造成线缆展放余量过大，导/地线下脚料过多的，扣2分			
				未采用冷弯工艺，型材加工随意搭接，致使型材裁切量超过规格长度的7%的，扣2分； 电缆、导线下料前不进行实地测量，致使材料损耗超过8%的，扣2分； 电气管线未执行因需埋设，致使管线浪费量超过15%的，扣3分； 土建、电气工艺流程未制订衔接措施，致使多处接口衔接不到位，引发设计变更的，扣3分			
				未开展二次设计，简单、机械开展设备、材料订货的，扣2分			
				因订货随意，致使选择的设备、材料利用率小于90%，或出现批量退货的，扣3分； 选择的设备、材料能够不达标、质量不合格，造成建筑主体、装饰装修、设备安装整体质量下降的，扣5分，并依照相关规定，保留其他追责权利			
	5	环境保护	15	路面出现洒落垃圾，每次扣1分； 运输沙、石、灰、散装水泥等，车辆未密封，现场有扬尘，每次扣2分； 未在站址进出处设置洗车槽，扣2分			
				作业秩序混乱，现场扬尘高度超过1.5m或扩散到施工区划以外的，每次扣2分			
				轻质包装物清理不及时，致使污染扩散的扣2分； 污染物随风飘起，附挂在临时供电线路、运行的输配电设备及线路上的，扣3分； 酿成掉闸事故，执行供电企业相关管理规定			

评价阶段	序号	评价项目	标准分值	评价标准	加减分描述	实际得分值	备注
过程中	5	环境保护	15	场界四周围挡高度未设置大气总悬浮颗粒物（TSP）月平均浓度监测设备的，扣5分； 监测数据质量大于 0.08mg/m³ 的，扣3分			
				粉末材料露天存放的，扣2分； 机械剔凿，内墙面打磨等产生扬尘作业未采取局部遮挡、掩盖、压覆、水淋等防护措施的，扣2分； 生、熟土未执行分开存放，未采取风刮扬尘措施的，扣2分； 建筑装修期间，外立面未装设防尘网的，扣3分； 生活区、加工区、办公区，未因地制宜采取抑制扬尘措施的，扣3分			
				现场噪声超出噪声限值的，扣2分； 夜间安排打桩、金属切割等高噪声作业的，扣2分			
				夜间照明设备未采取聚光措施，影响周边居民正常生活的，扣2分； 非工艺要求连续作业的焊接作业，安排在夜间进行的，扣1分； 焊接作业未采取弧光隔离、阻断措施的，扣2分			
				灌注桩施工、现场混凝土搅拌等作业未设置沉淀池的，扣2分； 事故油池未设置油水分离管道的，扣2分			
				化粪池、事故油池未采取防渗漏措施的，扣3分； 污水未经检测，私自排放的，扣5分			
				随意丢弃耕植土，不开展耕植土地貌恢复的，扣2分； 电池等污染物随意丢弃，不执行专项回收管理规定的，扣2分； 占地空隙，不采取地表植被化措施的，扣1分； 挖坑掩埋建筑垃圾，破外土壤结构的，扣2分			

续表

评价阶段	序号	评价项目	标准分值	评价标准	加减分描述	实际得分值	备注
过程中	5	环境保护	15	一次性包装板、加工下脚料等，不开展专项回收再利用的，扣1分； 建筑垃圾现场堆放，清理不及时，或私自抛洒排放的，扣2分； 临时地面未采用广场砖等周转材料减少垃圾及排放的，扣1分			
				未就施工现场周边地下管线开展调查并采取针对性保护措施的，扣2分； 发现古墓等地下文物，私自掩埋，野蛮施工的，扣2分； 未对现场周边的古建筑、古树等不可再生资源进行隔离防护的，扣2分			
				变电站、线路施工脱离正常工序流程衔接，作业场地不加控制，现场安全提示、安全警示不到位，对周边居民和相邻区域内工作人员构成安全威胁的，扣4分			
				充油、充气设备管控不严，未按要求开展残油、残气回收，致使油、气排放，造成土壤、大气污染的，扣3分			
竣工后	1	指标评估	10	"四节一环保"目标成功实现，建设过程中践行绿色施工承诺，各项控制措施到位，工程四邻和谐。绿色施工管控措施落实不到位，导致工程局部返工，造成人、材、机消耗金额超过10万元的，每次扣2分； 绿色施工主控目标未实现的，每项扣2分； 建设过程中及项目建成试运一个月内，因施工原因引发四邻及政府职能部门投诉或控告，且对方诉求合情、合理、合法的，每次扣2分； 未按照要求开展工序衔接策划，致使现场达不到5.2.3.8条款要求的，每项扣2分			
	2	总结评价	5	工程竣工一个月内，提交绿色施工工作总结，对项目建设成效、经验以及不足进行系统论述，提出改进措施，指导后续工程绿色施工有效开展。 未按要求提交绿色施工总结的，扣3分； 提交总结质量不高，缺少针对性分析论述的，扣2分； 未进行经验固化总结，未分析存在不足并制订后续改进措施的，扣2分			

附录 J　某 500kV 输变电工程绿色建设方案示例

一、工程概况

1. 某 500kV 变电站新建工程

本工程按终期规模一次征地，总用地面积 70 920m²，其中围墙内占地 36 650m²，进站道路用地面积 4250 m²，其他用地面积 30 020 m²。本工程站内建筑物包括：主控通信室、综合保护室、500kV 保护室和泡沫消防间及泵房等，总建筑面积 956.46 m²。工程规划图如附图 J-1 所示。

附图 J-1　工程规划图

2. 某双回 500kV 线路工程

某双回 500kV 线路工程，线路全长 58.5 km，导线型号为 4×JL/G1A-400/35 型钢芯铝绞线。线路铁塔及钢杆共计 132 基，其中直线塔 101 基、转角塔 29 基、终端塔 2 基。

二、工程总体目标

根据"绿色建设、创先争优、工程平安、质量优质、技术先进、造价合理"的总体要求，制订本工程目标。

1. **绿色建设管理目标**

（1）变电工程。

1）环保、水土保持、安全、劳动卫生等各项工作应满足相关政府主管部门的管理要求及验收标准。

2）不发生环境污染事故，污染按规定排放，污水深沉排放合格率100%，施工噪声不超标。

3）变电施工及办公过程中固体废弃物分类堆放处置，处置率 ≥ 96%。

4）变电施工中减少植被破坏，基础回填及植被修复完好率100%。

5）降低施工过程中水、电、纸及原材料的消耗。

6）不发生火灾事故。

（2）线路工程。

1）保护生态环境，不超标排放，不发生环境污染事故，落实环保措施；废弃物处理符合规定，力争减少施工场地和周边环境植被的破坏，减少水土流失；现场施工环境满足环保要求；落实《绿色施工导则》（建质〔2007〕223号）的规定；全面落实环境保护和水土保持的要求，建设资源节约型、环境友好型的绿色和谐工程。

2）合理安排材料进场计划，积极推广应用"四新"成果，降低材料损耗率。

3）生活用水节水器具配置比率达到60%，生活用水重复利用，降低施工用水损耗。

4）严禁使用淘汰的施工设备、机具和产品；优选节油低耗设；办公和生活区域内照明，节能照明灯具的比率大于90%。

5）平面布置合理、紧凑，在满足环境、职业健康与安全及文明施工要求的前提下，充分利用已有道路，增加钻孔设备、履带输送车、索道等新装备使用比例，尽可能减少废弃地和道路施工工作量，临时设施占地面积有效利用率大于90%。

2. **项目管理目标**

（1）创建标准工艺应用示范工地，争创国家电网公司项目管理和安全质量管理流动红旗，争创中国电力行业优质工程和国家优质工程。

（2）按规定设置业主、监理、施工项目部，项目部人员配置、人员任职资格及条件、基本设备配置、技术标准基本配置符合相应规定，项目管理文件编制齐全。

（3）项目进度符合国网河北省公司下达的电网建设一级网络计划，确保工程开、竣工时间和工程阶段性里程碑进度计划按时完成。

（4）招标计划完成率 100%。

（5）各参建单位按工程建设进度完成档案资料的分类归档、汇总、组卷，实现工程资料与工程进度同步形成，与工程实体同步验收。保证档案资料的齐全、准确、规范、真实、系统、完整；确保实现档案按时归档率 100%、资料准确率 100%、案卷合格率 100%。

（6）建设过程全面应用基建管理信息系统，及时、准确上传工程建设信息，上传及时率、准确率实现 100%。

（7）贯彻国家电网公司"三通一标""两型一化"及智能化变电站建设相关要求。

3. 安全管理目标

（1）不发生 6 级及以上人身事件；不发生因工程建设引起的 6 级及以上电网及设备事件；不发生 6 级及以上施工机械设备事件；不发生火灾事故；不发生环境污染事件；不发生负主要责任的一般交通事故；发生基建信息安全事件；不发生对公司造成影响的安全稳定事件。

（2）各参建单位和工程项目安全管理体系健全，尽责履职。

（3）工程分包管理安全稳定和依法合规。

（4）安全生产费用足额提取、单独计列、足额使用，工程安全文明施工标准实施率达到 100%。

（5）实现安全制度执行标准化、安全设施标准化、个人防护用品标准化、现场布置标准化、作业行为规范化和环境影响最小化，营造良好的安全文明施工氛围。

（6）现场的安全文明施工设施、安全标识标志等符合规定要求。安全标示、标志清晰规范，实行办公区、生活区和施工区的分区隔离。

（7）土建和电气转序无交叉作业，综合考虑整体规划、工序交接等关键环节的文明施工要求。

4. 质量管理目标

（1）"标准工艺"应用率100%，且评价得分 ≥ 95 分。

（2）工程质量总评为优良；工程"零缺陷"投运。

（3）确保工程达标投产，确保国家电网公司优质工程，争创中国电力行业优质工程，争创国家级优质工程。

（4）工程使用寿命满足国家电网公司质量要求。

（5）不发生因工程建设原因造成的6级及以上工程质量事件。

5. 技术管理目标

（1）通用设计、通用设备应用率达到100%。

（2）初步设计、施工图设计按期完成率100%。

（3）施工图标准化设计应用率100%。

（4）国网公司新技术推广目录应用计划完成率100%。

6. 造价管理目标

（1）开展工程量清单分部结算，规范过程造价控制，确保工程按期结算，提高结算准确性。

（2）设计单位编制的施工招标工程量清单与概算批准的工程量一致，与竣工工程量误差范围控制在 ±5%。

（3）月资金需求计划误差率 ±2.5%。

（4）依照招标结果和中标通知书，合同按时签订率100%。

（5）优化工程技术方案，合理控制工程造价，工程初步设计概算控制在可行性研究批复的投资估算范围内，工程结算控制在初步设计批准的概算范围内。

（6）严格规范建设过程中设计变更、现场签证，设计变更及现场签证按时完成率100%。

三、工程组织机构

成立本工程绿色建设领导小组和工作小组，保证本工程绿色建设有组织领导、有策划实施、有考核评价，确保本工程全过程实现绿色建设。

1. 领导小组构成

（1）组长：基建主管领导。

（2）副组长：建设部主任、副主任。

（3）成员：建设单位业主项目经理、安全专责、质量专责、技术专责、技经专责；设计院项目部设总，施工单位项目经理，监理单位项目总监、总代。

2. 工作小组构成

（1）组长：业主项目经理。

（2）副组长：项目设总、施工项目经理、现场总监代表。

（3）成员：业主项目部安全专责、质量专责、技术专责、技经专责；监理项目部安全员、质检员、监理员、造价员；施工项目部安全员、质检员、技术员、造价员、材料员；设计院变电设计员、线路设计员。

（4）职责：贯彻落实领导小组做出的各项决策部署；结合国家、行业、企业及地方要求，制订工程项目四节一环保方针、目标、措施，并宣贯执行；对工程建设过程中发生的方案变更、措施调整，重新进行"四节一环保"评估；结合项目特点，辨识、确定绿色建设关键管控点，并组织人员监督、见证；按照评价考核办法开展分阶段的绿色建设考核评价，并根据考核评价结果出具结算意见。

四、临建绿色建设

临建的建设是工程建设中不可避免的环节，随着绿色施工的广泛应用，临建带来的负面影响逐渐进入人们的视野，通过对传统材料进行非传统的处理和利用，采取有效的"四节一环保"设计措施，达到节约成本、保护生态环境、减少污染的目的，实现与自然和谐共生，节能、节材、节水、节地、环保的目标，不但可以满足临建建设的要求，而且能够取得良好的经济、社会和环境效益。

（一）临建项目部概况

某500kV变电站工程搭建临时办公区供各参建单位一体化办公、住宿，总占地面积1627m²，共可容纳40人办公、住宿，满足本工程办公生活需要，其效果图如附图J-2所示。

500kV变电站新建工程施工料场征租耕地9.45亩，位于变电站站区东侧，距离东侧正式围墙20m，各功能分区清晰明确，其中土建阶段还设置了设备摆放区，以便电气设备提前进场后及时安置，不仅便于施工组织，也为本工程土建、电气无交叉作业提供了有利条件，其效果图如附图J-3所示。

附图 J-2　变电站临建效果图

附图 J-3　料场效果图

（二）临建绿色设计理念及方案

1. 临建设施布置原则

根据工程特点和总体安排，结合绿色设计和施工条件，统一进行施工总平面布置，具体遵循的原则如下：

（1）方便施工，便于管理。本着因地制宜、永临结合、方便施工、有利于管理和缩短场内倒运距离的目的来统一规划临时设施，节约能源和材料。

（2）有利于环保和文明施工。按照布局合理、紧凑有序、安全生产、文明施工的要求布置，满足环保和创建标准文明工地的要求。施工区和非施工区分开，适应生产组织需要及周边环境需要。

（3）珍惜土地、保护耕地。便道尽量在工程用地界内且不影响工程施工，临时工程尽量少占或不占农田，必须占用农田的临时工程，待工程结束后进行复垦还田。

（4）施工道路适应机械化快速施工要求。场内运输线路布置在保证顺畅的前提下，划分施工区域和材料堆放场地，确保材料调运方便，减少二次搬运，满足节能施工要求。

（5）混凝土搅拌站按照规模合理、配套完善、流程顺畅，留有余地的要求，做好规划建场工作，节约占地。

（6）避免交叉干扰。根据施工方案规划临时设施，避免与正式工程之间的干扰和交叉，合理布置各区域的施工顺序，确保施工安全、工程质量和施工进度。

（7）符合安全生产、安保、防火和文明生产的规定和要求。

（8）符合"四节一环保"的要求。

2. 临建绿色设计方案

（1）项目部驻地建设设计。项目部驻地分办公区、生活区，驻地建设按国家电网公司和国网河北省电力公司要求进行标准设计，驻地平面和房间布置在满足需求的情况，充分考虑现场地形地貌，将部分建筑物设为双层布置，尽量减少占地，经优化项目部临建驻地南北长 47m，东西长 35m，项目部临建占地面积为 1627m²。南侧是办公区，占地面积约 950m²；北侧是生活区，占地面积 677m²；项目部彩钢房建筑面积约 748m²。

1）驻地临建房屋为钢框架彩钢夹芯板活动房，如附图 J-4 所示。节能、节材、节地、环保、便于回收，具有安全可靠、美观新颖、保温、隔热、防火、轻质、高强、运输安装方便、快捷、门窗、玻璃、锁、配套齐全的优点。

附图 J-4　临建图

2）临建保温板导热系数 ≤ 0.03W/（m·k），保温性能为混凝土的 30 倍；门窗气密性能 2 级，水密性能 2 级，窗户宜采用塑钢中空玻璃节能窗，传热系数 ≤ 2.8 W/（m²·K），满足采光和节能的要求。

3）建筑物外墙、内墙无须二次装修，地面采用贴砖或水泥地面，室内全部进行石膏板吊顶。卫生间、洗漱间、厨房采用 PVC 扣板吊顶，主体及装修材料可回收重复利用，节省装修装饰材料。

4）临建大部分使用绿色环保性装修材料，每 100g 气体中甲醛释放量 ≤ 9mg，满足国家强制性标准 GB 18580 ~ GB 18587 的各项要求。

5）临建用水器具均选用节水型产品，大便池采用脚踏式开关，其他器具采用感应式开关。

6）临建电缆在满足工艺要求下尽量浅埋或穿管明敷，减少土方开挖量。

7）给水部分采用 PP-R 管，热熔连接；非水部分采用 U-PVC 自流排水管，粘接；阀门采用球阀、逆止阀；水表采用旋翼式水表；各产品密封性好，节水效果显著。

8）采暖采用分体式节能空调和电采暖方式，减少粉尘污染。空调采用制冷能效等级不低于 2 级的无氟变频空调，减少对大气环境的危害。

9）积极选择自然能源，洗浴间采用太阳能热水器，节能降耗。

（2）场地硬化、绿化设计。场地硬化为项目部、料场等，硬化前先进行基底处理，地基压实系数不小于 0.94，同时应做好地面的防水、排水和防渗处理。

（3）施工料场加工区设计。施工砂石等料场占地面积为 6300m²，位于变电站站区东侧，距离东侧正式围墙 20m，各区域位置设计合理，分区明确。施工料场和加工区场地进行硬化处理防止三废下渗，定期洒水抑制尘土，保护生态环境。

（4）施工用电设计。本工程临时施工电源采用"永临结合"的方案，临时施工电源拆除后，站外电源使用现有引接线及相关设备，以节约施工主材，降低施工成本。

通过优化施工电源路径，采用架空导线从龙泉寺—城计头 35kV 线路引接，在 500kV 变电站附近设置终端塔，在终端塔处经电力电缆引下为临时变压器供电，以减少电缆用量，降低工程造价。

（5）施工给排水设计。施工用水和生活污水考虑永临结合的设计方式，临建区不设置给排水系统，直接与站内深井和污水处理池连接，既节能、节材、节地，又避免污染环境。

（6）施工通信设计。临时通信用路由器和交换机不单设屏位，与综合数据网设备共组一面屏，节材的同时可减小屏位占地。

（7）安全监视设计。除厨房外的所有房间全部安装独立的烟感火灾报警器。一旦检测到烟雾浓度超过限量时，烟感发生声光告警并输出告警信号，避免火灾事故可能造成的人身及财产损失。

临建场地及站区配置一套视频监视系统，可监视施工现场料场区的设备及材料安全，避免可能发生的材料被窃事件。

（8）消防设施设计。临建的消防采用手提式干粉灭火器，轻便环保，不会对环境造成污染，同时配备必要的消防工具箱。

（9）其他临时设施设计。环保设施：为满足施工环保要求，在施工驻地、搅拌站等区域内设置沉淀池、污水处理池及垃圾回收站。对施工、生活废水进行净化处理达标后排放，生活垃圾、施工废渣定点堆放在垃圾回收站内，定期运往垃圾处理场或当地环保部门指定地点处理。严禁将垃圾和生活、施工废水随地排放，避免污染环境，保持生态平衡；完工后及时恢复植被，确保工程所处的环境和沿线水域不受污染和破坏。

（三）临建绿色建设实施措施

1. 节能实施措施

（1）在施工现场办公区域和生活区应设明显的节电、节能等节约环保宣传提醒标志，大力宣传"四节一环保"绿色建设理念。

（2）本工程计划装设太阳能光伏离网发电系统，实现全部灯具、空调采用太阳能供电，从而节约用电量。项目部照明、空调全部使用太阳能供电，预计全年可节省电量 6132kWh，节省费用 5335 元。

（3）办公和生活区照明灯具全部选用环保节能型灯具，杜绝高耗能灯具，实现节省电能，实施绿色照明。合理设计灯具，尽量减少灯具的数量。户外夜间照明采用太阳能路灯，节能环保，并设置灯罩将光聚焦在场界之内，防止夜间光污染。卫生间照明采用声控光感灯座及节能灯具。

（4）洗浴间热水器采用电、太阳能两用节能热水器；采用一级能耗的节能环保的空调，办公生活区合理配置空调数量，并规定温控夏季不低于26℃，冬季不高于20℃。空调运行期间应关闭门窗；人员长时间离开时应随手关闭空调电源。职工宿舍应安装用电限流装置，控制大功率用电设施。

（5）实行用电计量管理，办公区、生活区分别设定用电指标，分别装有电能表，定期进行计量、核算，严格控制办公生活和施工用电量，提高节电率。

（6）选用节能、高效、环保的施工设备和机具，如选用变频技术的节能施工设备等，选择功率与负载相匹配的施工机械设备，避免大功率施工机械设备低负载长时间运行，做好维修保养工作，使机械设备保持低耗、高效的状态。

（7）现场临建考虑当地地形，充分利用日照风向等自然条件，合理设计生产、生活及办公临时设施的体形、朝向、间距和窗墙面积比，使其获得良好的日照、通风和采光，减少照明和空调用电，以便最大程度上节能。

（8）临建保温隔热，本工程临建房屋采用拆装式轻钢结构防火岩棉彩钢房，房屋主体维护结构彩钢岩棉加芯板为10cm厚的A级不燃材料，墙体、屋面有良好的隔热性能，减少夏天空调、冬天取暖设备的使用时间及耗能量。

2. 节地实施措施

（1）临建房屋采用一栋一层建筑和三栋两层建筑，相比于全部采用单层建筑，最大程度实现了节地，使土地得到最充分利用。全部单层临建占地：2150m²，本工程临建占地：1645m²，节省占地 505m²。

（2）工程材料站和仓库站利用原有闲置料场，不但大大减少征地面积，节约土地；也减少了物料的运输路程，避免了物料运输过程出现漏撒污染环境的情况发生，同时还解决了还耕难题，也节省工程投资节约土地。节省占地约 2000m²。

（3）充分合理利用临建占地，本工程将停车场设置在临建区域的生活区内，减少了临建占地。

（4）办公室和生活用房采用经济、美观、占地面积小的双层板房，对周边地貌环境影响最小。且临时设施占地面积有效利用率达到 100%，无费地死角。

（5）临建垫土采取就近取土原则，临建位置所需土方用站区挖方部分填补，减少土地的破坏，同时节约运距，减少外购土方。

（6）土地开挖施工应采取先进的技术措施，减少土方开挖量，最大限度地减少对土地的扰动，保护周边自然生态环境。

3. 节水实施措施

（1）办公区、生活区的生活用水采用节水器具，并采用红外感应式出水方式，避免传统水龙头关断不严或忘关长流水的现象，较普通水龙头节约水资源 65% 以上，并在水源处应设置明显节约用水标志。

（2）施工、生活应实行分路用水计量管理，按季度和各阶段统计用水实耗原始数据，进行统计，严格控制施工、生活用水量。

（3）施工现场安装污水雨水回收系统，将临建区域屋顶、地面雨水、洗手池、浴室废水进行收集储备，用于进出场车辆冲洗，地面洒水，实现雨水、废水资源的循环再利用。

4. 节材实施措施

（1）根据施工进度、材料周转时间、库存情况等制订采购计划，并合理采购数量，避免采购过多，造成积压或浪费。

（2）办公区和生活区的房间框架及墙体结构都是采用组装拼接式工艺；此工艺做法可以反复利用三次，现场围挡部分装配式可重复使用的围挡封闭，工程完成后进行回收利用；对现场铺设的管线进行保护，以便能重复利用节约材料，如附图 J-5 所示。

附图 J-5　房屋结构框架

（3）材料运输、装卸方法得当，防止损坏、洒落；就近卸载，避免和减少二次搬运，现场采用的建筑材料本着就近采购原则，所有施工用料都采用 400 公里以内生产的建筑材料。

（4）材料运输时应选择合适的运输工具、运输方法和装卸机具，减少材料的运输、装卸损耗。

（5）进入施工现场材料应分类堆放在材料站和仓库内，存放规范标准，确需露天堆放材料的，材料堆放应采取防潮、防晒、防雨措施。

（6）实行绿色办公，办公文档尽量采用电子文档，减少纸质用量，办公用纸除正式资料外，一律双面打复印，一些不重要的资料利用印废的纸复印。办公用笔一律采取换笔芯，凡是还能使用的笔，不准随意丢弃。

（7）利用废弃模板自制分类回收垃圾桶，节材、美观，实用、环保。

（8）用废旧纸箱分类收集纸张、废旧电池、废旧墨盒，废旧墨盒箱配置箱盖。

5. 环境保护实施措施

（1）施工现场土方应集中堆放，集中堆放的土方应采取覆盖。

（2）土方作业应采取洒水措施，扬尘高度不高于 1.5m，使扬尘不扩散到厂区外。站内增加除尘取水点，随时对站内除尘，并设置洒水车配备相应的管理制度和负责人，保证了变电站的环境。

（3）现场办公区和生活区裸露的场地应采取绿化、美化。

（4）施工现场材料存放区、加工区及大模板存放场地应平整坚实。

（5）垃圾分类存放和回收利用，对土方类建筑垃圾可采取基地填埋、铺路等方式提高在利用率；施工垃圾按制订地点堆放，及时收集、清理，采用装袋收集，集中后进行运输，严禁从建筑物向外直接抛洒垃圾；生活垃圾应及时清理，垃圾清运过程中，宜产生扬尘的垃圾应先适量洒水后覆盖在清运。

（6）现场配置噪声检测仪，根据建筑施工场界环保噪声标准（分贝）日夜施工要求不同，合理协调安排分项施工作业时间。

（7）夜间施工使用的照明灯，采取遮光措施，限制夜间照明光线溢出施工场地以外范围。室外照明灯具应加设灯罩，光照方向应集中在施工区域范围内。灯具的位置和方向均采用合理的安排，确保最小炫光。

（8）为保证项目部临建占地的后期良好复耕工作，在项目部建设初期进行土工布满铺，确保耕地土壤不被建筑材料及垃圾污染，待临建使用完毕后直接清理土工布及以上建筑物及地面附着物即可。

五、变电工程绿色建设

随着可持续发展理念的不断深入，绿色建设技术已越来越广泛地被采纳和运用。通过在变电站设计过程中切实、全面地贯彻绿色理念，选用新技术、新工艺和新材料，或者通过对传统材料进行非传统的处理和利用，采取有效的"四节一环保"设计措施，实施控制系统优化方案，不但可以实现电网自身的可持续发展，而且能够取得良好的经济、社会和环境效益。

以"四节一环保"为主线，将"绿色、环保、可持续"理念贯彻于变电站建设全过程、全寿命周期内，从设计源头采取科学有效措施，最大限度地节约资源、保护环境和减少污染，与自然和谐共生，实现节能、节材、节水、节地、环保的目标。

（一）绿色建设设计理念及方案

1. 系统规划

（1）随着河北南网未来电力的不断发展，河北南网南北电力交换的需求将不断增大，建成以后，可加强邯邢地区的电力受入通道，减轻彭廉双线的供电压力，能够为邢台市及其西部区域提供有效的电源支撑作用，优化地区电网结构，总体提升河北南网的 500kV 网架潮流转移能力。

（2）500kV 变电站新建主变压器的低压侧考虑装设 2×60Mvar 的并联电容器和 2×60Mvar 的低压电抗器，实现无功功率的就地平衡，减小远距离传输无功功率，可减小网损 0.025MW/km，折算到火力发电上相当于年节约标准煤 31.6 吨/km（机组年利用小时数按 5200h 计算）。

2. 站址落位及总体规划

（1）站址落位。站址选择落位充分考虑土地性质，避让敏感点和敏感目标，对周边居住点无电磁干扰及噪声污染，避免或减少对林木和周边自然环境造成影响。通过不同站址技术经济比较，推荐庞会站址。

（2）总体规划。站址位置处于山顶或山坡岗地，地势较高，排水通畅，不受 100 年一遇洪水及内涝影响。全站采用"平坡式"竖向布置来进行场地平整，变电站内场地雨水散排至围墙外截水沟内，场地设计排水坡度为 0.5%，整个新建场区布置合理紧凑，最大限度节约占地，如附表 J-1 所示。

附表 J-1　总体规划细则

序号	项目	占地指标（hm²）		
		初步设计方案	可行性研究方案	优化结果
1	围墙内总占地面积	3.6647	3.8304	0.1657
2	围墙外占地面积	3.4273	3.6489	0.2216
3	总占地面积	7.0920	7.4793	0.3873

3. 电气主接线方案

500kV 电气接线采用 3/2 断路器接线方案，本站 4 台主变压器中，两台直接进串、另两台经断路器接母线，较 4 台主变压器全部进串方案节省一台断路器并可减少一个完整串，节约占地 972m²。

4. 总平面布置

（1）设计方案执行《国家电网公司输变电工程通用设计 110(66)～750kV 智能变电站部分》500-B-3 方案，依据电气布置、设备选型，结合站址地貌特点，进行优化。

（2）简化站内道路，主变压器运输道路宽 5.5m，消防、运输道路环形布置，路面宽 4m，道路转弯半径 9.0m，不单独设置相间道路。

（3）利用 500kV 配电装置附近空余场地，就近布置 500kV 保护小室，

节约二次设备占地约 150m²

（4）利用 220kV 配电装置附近空余场地，就近布置 220kV 保护小室，节约二次设备占地约 80m²。

（5）不设置独立站前区和绿化等场地，水工构筑物充分利用场地边角地带，场地利用系数 95% 以上。

（6）建筑平面布置按生产、生活房间进行分区，开间与进深布置紧凑，建筑面积使用率不低于 90%。

（7）对部分功能房间进行合并，按无人值守变电站进行设计，取消不必要房间，附属用房仅设置资料室、安全工具间和卫生间。全站总建筑面积为 956.46m²，较通用设计减少了 9.44m²。

（8）结合工程所在地气候特点和气象条件，建物向阳布置，周围无遮挡物，采光良好，主入口朝向主道路，监控室视野开阔。

（9）本站主变压器集中布置于站区中央，两侧设置防火墙，并利用围墙的隔声作用，减小对周边环境的噪声影响。

5. 设备及导线选型

（1）本工程通用设备应用率为 100%，同时严格执行通用设备"四统一"要求，要求厂家严格按照"四统一"要求落实，统一设备参数、一次接口、二次接口和土建接口。实现相同运行条件下同类设备的通用互换，环保节约，降低造价。

（2）主变压器选用单相、自耦、三绕组、油浸电力变压器。

1）冷却方式。国家电网公司主设备规范中，主变压器有 ONAN/ONAF/OFAF 或 ONAN/ONAF 冷却型式。选用 OFAF 冷却型式，油泵及风机的用电负荷约为 30kW；选用 ONAN/ONAF 冷却型式，风机的用电负荷约为 5kW。本工程选用后者，可使站用电负荷大幅下降，降低了站用变压器容量，减小了电力电缆的截面积。

2）导磁硅钢片。招标技术文件中要求主变压器使用高导磁取向硅钢片，高导磁取向硅钢比一般取向硅钢具有更高的磁感、更低的铁损和更低的磁滞伸缩，在降低产品损耗的同时可有效降低铁芯噪声。

3）低噪声风机。设计联络会时要求变压器采用低噪声风机，风机正常工作噪声 ≤ 60dB(A)，可有效降低变压器工作时的噪声，减小对周围环境的影响。

（3）本站 SF_6 设备，如 500kV HGIS、220kV GIS、35kV 断路器等，招标时，要求投标厂家执行现行 SD 290—1988《气体绝缘金属封闭电器技术条件》的有关规定，并要求生物毒性试验为无毒（纯度 ≥ 99.9%），同时提供 SF_6 气体生产厂的合格试验报告。

（4）室内照明方式以直接照明为主，均采用节能型 LED 灯具。该灯具采用超高亮大功率 LED 光源，配合高效率电源，比传统白炽灯节电 80%以上，相同功率下亮度是白炽灯的 10 倍，同时使用寿命是传统钨丝灯的 50 倍以上。本工程通过采用 LED 节能灯具，较常规荧光灯方案，可节约能耗约 55%。

（5）应急照明灯采用由直流系统逆变供电的交流照明灯，应急照明灯参与正常照明，不单独设置应急照明灯具，在满足照度的情况下，减少灯具约 80 盏。

（6）变电站的空调房间采用分体式空调系统，空调能效等级不低于二级。

（7）站内导线及母线均按照满足电晕要求选择，所有电器及金具要求制造部门在产品设计中考虑在 1.1 倍最高工作相电压下，晴天夜晚不应出现可见电晕，户外晴天无线电干扰电压不宜大于 500μV；站内管母线设置封端球防止尖端放电；站内主要电气设备 HGIS、GIS、避雷器等均设置均压环，有效减少电气设备对环境的电磁干扰。

（8）取消冗余回路、器件、端子排，整合一次汇控柜与智能组件柜，减少全站柜体数量，如附图 J-6 所示。

（9）二次设备模块化设计，户外智能控制柜采用预制式柜体，减少现场施工接线的工作量。

（10）采用预制光/电缆。按保护双重化、网络双重化原则进行预制光/电缆整合，变电站采用多芯双端预制尾缆，一次设备本体至智能控制柜通过预制电缆连接。优化后本站光/电缆长度可节省 10%～15%。

（11）优化二次设备室和蓄电池室屏位布置，充电屏靠近蓄电池室侧，蓄电池室紧靠二次设备室，蓄电池回路电缆长度由 45m 缩减至 30m。

（12）通信设备屏位布置按照光纤配线柜、光传输设备、数字配线、PCM 设备、音频配线柜、综合数据网顺序统一规划布屏，通信设备屏位布置紧凑规整，避免通信线缆反复重复拉线，节省电缆数量。

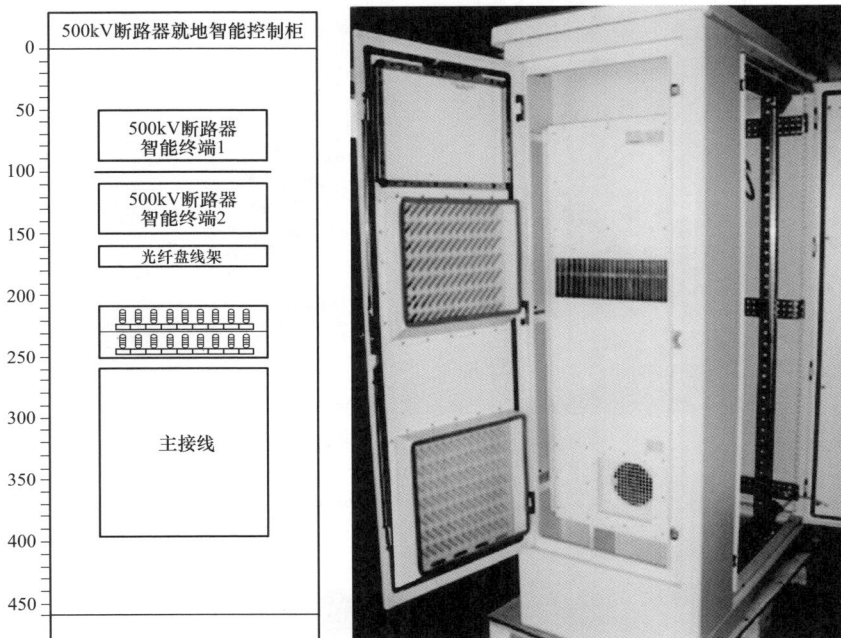

附图 J–6 500kV 断路器智能控制柜结构图

6. 建构筑物

（1）变电站建筑物为单层结构，呈规则矩形，装修简洁，无装饰性构造，节省材料。

（2）建筑物屋面及外墙设置聚苯乙烯泡沫保温层，如附图 J–7 所示，导热系数 ≤ 0.03W/（m·k），良好的保温性能为混凝土的 30 倍；窗户尺寸不超过 1.5m×1.5m，门尺寸不超过 2.4m×2.7m，气密性能 2 级，水密性能 2 级，窗户采用断桥铝中空玻璃节能窗，如附图 J–8 所示，传热系数 ≤ 2.8 W/（m²·K），窗墙比为 9%，窗地面积比为 7%，满足采光和节能的要求；建筑物围护结构的传热系数 ≤ 2.8 W/（m²·K），热惰性指标 D ≥ 2.5，符合现行国家标准 GB/T 50176—2016《民用建筑热工设计规范》的要求。

（3）建筑物外墙、内墙采用涂料；地面采用贴砖地面；门窗采用普通钢防盗门和断桥铝中空玻璃窗；卫生间采用 PVC 塑料扣板吊顶，普通瓷砖墙面，其他房间不设吊顶，节省装修装饰材料。

附图 J–7　建筑物外墙保温

（4）采用节能、环保型建筑材料和产品，不采用黏土实心砖等国家禁止使用的建筑材料或建筑产品。

（5）建筑物层高 3.7m，单体体积不超过 3000m³，火灾危险性类别按戊类考虑，不设置室内外消防给水系统，减少变电站用水量。

（6）避雷针设置在各配电区架构上，不设置独立避雷针，全站节约钢材量约 8.6t。

（7）全站使用绿色环保性装修材料，每 100g 空气中甲醛释放量 ≤ 9mg，满足国家强制性标准 GB 18580 ~ GB 18587 的各项要求。

附图 J–8　断桥铝中空玻璃

（8）站内电缆沟在满足工艺要求下尽量减少埋深，配电装置区内的电缆支沟改为埋管方式，尽量减少电缆沟转弯及交叉。

7. 水工暖通

（1）本站实施油水分离，变压器油排放并储存在具有油水分离的事故油池内，不与排水系统相连，避免变压器油对环境的污染。

（2）本站内用水器具均选用节水型产品，大便池采用脚踏式开关，其他器具采用感应式开关。

（3）给水部分采用 PP-R 管，热熔连接；排水部分采用 U-PVC 自流排水管，粘接，如附图 J-9 所示；阀门采用球阀、逆止阀；水表采用旋翼式水表；各产品密封性好，节水效果显著。

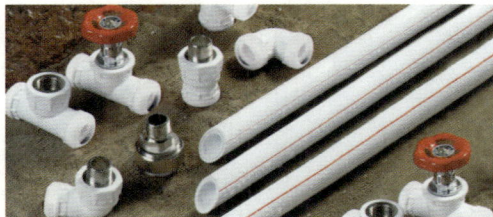

附图 J-9　自流排水管

（4）变电站生活污水采用先处理后排放的原则，处理达标后可用于站内冲洗路面，达到污水零排放。

（5）站内屋面和场地部分雨水经管网收集至清水池，清水池中的水可用于场地冲洗，使雨水重复使用，达到节约用水的目的。

（6）本站为无人值守变电站，站内用水仅为冲洗设备等保障性用水，对地下水的开采量较小。

（7）变电站给水系统采用气压供水和变频调速供水方式，出水量 > 5m³/h，水质、水压、水量安全可靠，符合 DL/T 5143—2002《变电所给水排水设计规程》标准。

（8）站内采暖采用空调和电采暖方式，减少粉尘污染。空调采用制冷能效等级不低于 2 级的无氟变频空调，减少对大气环境的危害。

（9）本站深水井、事故油池、污水池采用抗渗混凝土结构，混凝土抗渗等级为 P6，符合 GB 50108—2008《地下工程防水技术规范》要求。

8. 施工图分步设计理念

"施工图分步设计"以设备合同签订为分界点，将施工图设计划分为两个阶段。

（1）第一阶段从工程初步设计批复至设备合同签订。依据工程初步设计文件批复应用通用设备"四统一"要求，完成第一阶段施工图设计，图纸包括"四通一平"、动力照明、防雷接地等卷册。保证站内首层路面施工前完成电缆沟、管道敷设，满足文明施工要求。

（2）第二阶段从设备合同签订后。完成设备技术"四统一"复核，根据厂家设备技术资料完善专业间补充资料，开展第二阶段设计。

1）首先根据"四统一"复核结果完成全站架构施工图，进一步根据工艺专业资料完成其他相关土建卷册设计图纸。

2）电气与土建施工密切相连的卷册，如全站防雷接地与土建卷册同期完成；确保主地网的及设备引下线敷设，结合土建基础施工，一次开挖，全部完成，避免土建专业二次开挖。

3）建筑电气图纸、火灾报警及智能辅助系统部分设计图纸在站内建筑物施工前也需及时提供，建筑同期施工。

4）最后完成电缆敷设及电缆防火卷册设计，以便施工单位及时采购电缆支架。

某变电站工程从绿色设计入手，采取了多项措施，推行工程绿色建设，工程绿色设计措施及效果关联如附表 J-2 所示。

附表 J-2　某变电站工程绿色设计措施及效果关联

序号	"绿色建设"设计措施		"四节一环保"效果				
	措施名称	措施内容	节能	节水	节材	节地	环保
1	优化变电站竖向布置	采用"阶梯式"竖向布置来进行场地平整，变电站内场地雨水集中后排至站址西侧泄洪沟，场地设计排水坡度为0.5%，整个新建场区布置合理紧凑				减少占地50m²	
2	优化主接线方案	主接线采用2台主变压器直接进串，2台经断路器接母线的方案，较4台主变压器全部进串方案节终期节省一台500kV断路器			减少1台断路器	节约占地约972m²	
3	优化变电站总平面布置	执行《国家电网公司输变电通用设计110（66）~750kV智能变电站部分》500-B-3方案，500、220kV采用组合电器设备，变电站总占地面积得以有效压缩，较常规敞开式AIS设备节约占地30%以上				减少占地1.42hm²	
4	利用配电装置附近空余场地就近布置保护小室	利用配电装置附近空余场地，就近布置保护小室，节约二次设备占地约150m²				150m²	

续表

序号	"绿色建设"设计措施		"四节—环保"效果				
	措施名称	措施内容	节能	节水	节材	节地	环保
5	提高场地利用系数	不设置独立站前区和绿化等场地，水工构筑物充分利用场地边角地带				减少占地450m²	
6	合理布置建筑物房间，提高建筑面积使用率	对部分功能房间进行合并，取消不必要房间				节省建筑面积103.10m²	
7	优化建筑物朝向和布局	结合工程所在地气候特点和气象条件，建物向阳布置，周围无遮挡物，采光良好，主入口朝向主道路，监控室视野开阔	节省照明用电量240kW/h				
8	优化设备布置	本站主变压器集中布置于站区中央，利用防火墙、围墙的隔声作用，减小对周边环境的噪声影响					减少约8dB（A），满足站界噪声标准
9	站内设备落实"四统一"要求	站内设备全部采用通用设备，严格执行"四统一"，要求厂家按照"四统一"要求落实，实现相同运行条件下同类设备的通用互换，环保节约，降低造价			同一地区多个变电站内相同设备备品备件减少约2套		
10	主变压器选用低能耗冷却方式	主变压器选用ONAN/ONAF冷却型式较OFAF冷却型式，风机的用电负荷减少80%，降低站用变压器容量，减小电缆的截面积	减少能耗150kW		电缆截面积由3×300mm²减小为3×240mm²		
11	主变压器选用优质硅钢片	主变压器使用有高磁感、低铁损和低磁滞伸缩的高导磁取向硅钢片，在降低产品损耗的同时可有效降低铁芯噪声	比要求值减少13dB				
12	选用节能型灯具	室内照明采用节能型超高亮大功率LED光源，配合高效率电源，比传统白炽灯节电80%以上，使用寿命是传统钨丝灯的50倍以上，较常规荧光灯节约能耗约55%	减少能耗132kW				

序号	"绿色建设"设计措施		"四节一环保"效果				
	措施名称	措施内容	节能	节水	节材	节地	环保
13	取消专用应急灯具	应急照明灯采用由直流系统逆变供电的交流照明灯，应急照明灯参与正常照明，不单独设置应急照明灯具，在满足照度的情况下，减少灯具约80盏			减少约80盏		
14	提高空调能效等级	变电站的空调房间采用空调能效等级不低于二级的分体式空调系统	节省空调用电量128W/h				
15	整合一次汇控柜与智能组件柜	取消二次屏柜冗余回路、器件、端子排，整合一次汇控柜与智能组件柜，减少全站柜体数量			减少柜体28面		
16	采用预制式智能控制柜	户外智能控制柜采用预制式柜体，减少现场施工接线的工作量。			柜内装置间无须现场配线		
17	优化二次设备室和蓄电池室屏位布置	优化二次设备室和蓄电池室屏位布置，充电屏靠近蓄电池室侧，蓄电池室紧靠二次设备室，蓄电池回路电缆长度由45m缩减至32m			减少电缆13m		
18	通信设备屏位布置紧凑规整	通信设备按照光纤配线柜、光传输设备、数字配线、PCM设备、音频配线柜、综合数据网顺序统一规划布屏，通信设备屏位布置紧凑规整，避免通信线缆反复重复拉线，节省电缆数量			减少通信用缆线200m		
19	建筑设计统一规划，避免过度装修	站内建筑物采用单层结构，呈规则矩形，装修简洁，无装饰性构造，节省材料			节省装饰材料约40%		
20	建筑物节能与能源利用	建筑物屋面及外墙设置聚苯乙烯泡沫保温层，保温性能为混凝土的30倍；窗户尺寸不超过1.5m×1.5m，门尺寸不超过2.4m×2.7m，气密性能2级，水密性能2级，窗户采用断桥铝中空玻璃节能窗，窗墙比为9%，窗地面积比为7%，满足采光和节能的要求	热传导系数减少约2W/（m²·K）；满足节能约50%				

续表

序号	"绿色建设"设计措施		"四节—环保"效果				
	措施名称	措施内容	节能	节水	节材	节地	环保
21	建筑设计统一规划，避免过度装修	建筑物外墙、内墙采用涂料；地面采用贴砖地面；门窗采用普通钢防盗门和断桥铝中空玻璃窗；卫生间采用PVC塑料扣板吊顶，普通瓷砖墙面，其他房间不设吊顶，节省装修装饰材料	热传导系数减少约2W/（m²·K）；满足节能约50%		无高档装修，减少吊顶面积约800m²		
22	不使用国家禁止使用的建筑材料或建筑产品	采用节能、环保型建筑材料和产品，不采用黏土实心砖等国家禁止使用的建筑材料或建筑产品。	导热系数减少约0.55W/（m·k）				减少黏土砖约300m³
23	建筑物节水	建筑物层高3.7m，单体体积不超过3000m³，火灾危险性类别按戊类考虑，不设置室内外消防给水系统，减少变电站用水量		节省用水量10L/s			
24	优化变电站布置，减少占地	避雷针设置在各配电区架构上，不设置独立避雷针，全站节约钢材量约8.6t			节省钢材8.6t	减少占地100m²	
25	采用环保装饰装修材料	全站使用绿色环保性装修材料，每100g空气中，甲醛释放量≤9mg，满足国家强制性标准GB 18580～GB 18587的各项要求					每100g空气中甲醛排放量≤9mg
26	优化变电站布置，减少占地	站内电缆沟在满足工艺要求下减少埋深，电缆支沟改为埋管方式，尽量减少电缆沟转弯及交叉，全站电缆沟长度1600m，较通用设计（规模换算）减少了150m			节省电缆沟150m	减少占地225m²	
27	变电站环境保护	站内实施油水分离，变压器油排放并贮存在具有油水分离的事故油池内，不与排水系统相连，避免变压器油对环境的污染					减少事故油排放60m³
28	变电站节水与水资源利用	本站内用水器具均选用节水型产品，大便池采用脚踏式开关，其他器具采用感应式开关		节约用水量10m³/d			

续表

序号	"绿色建设"设计措施		"四节一环保"效果				
	措施名称	措施内容	节能	节水	节材	节地	环保
29	变电站节水与水资源利用	给水部分采用PP-R管，热熔连接；排水部分采用U-PVC自流排水管，粘接；阀门采用球阀、逆止阀；水表采用旋翼式水表；各产品密封性好，节水效果显著		节约用水量2m³/d			
30	变电站节水与水资源利用	变电站生活污水采用先处理后排放的原则，处理达标后可用于站内冲洗路面，达到污水零排放					节约用水量50m³
31	变电站节水与水资源利用	站内屋面和场地部分雨水经管网收集至清水池，清水池中的水可用于场地冲洗，使雨水重复使用，达到节约用水的目的		节约用水量60m³			
32	变电站节水与水资源利用	本站为无人值守变电站，站内用水仅为冲洗设备等保障性用水，对地下水的开采量较小		节约用水量7m³/h			
33	优化变电站采暖方式，节能减排	站内采暖采用空调和电采暖方式，减少粉尘污染。空调采用制冷能效等级不低于2级的无氟变频空调，减少对大气环境的危害	减少用电量128W/h				减少污染用量0.1kg/年
34	变电站环境保护	本站深水井、事故油池、污水池采用抗渗混凝土结构，混凝土抗渗等级为P6，符合GB50108—2008《地下工程防水技术规范》要求，避免对地下水源的污染					可抵抗0.6MPa水压不外渗
35	使用标准预制件	本站使用标准预制件共计20项，包括装配式围墙、装配式防火墙、装配式电缆沟、预制压顶、预制小型基础等。有效减少施工现场湿作业，缩短建设周期，节约资源	减少用电量20kW/m³	节省用水量20%	节省材料约30%	减少占地约25%	减少污染物20m³/d
	效果统计		10	6	13	9	9

（二）绿色施工实施措施

1. 节能实施措施

（1）实施绿色节能照明，现场所有照明灯具全部采用节能型灯具，并且在人员长时间离开或施工完毕后随手关闭照明电源。

（2）实行生电和施工活用分别电计量。

（3）现场焊接采用逆变式电焊机，体积小重量轻、移动方便，并大大减少电能损耗，比传统焊机节电 1/3 以上，如附图 J–10 所示。

（4）优先使用国家、行业导则推荐的节能、高效、环保的施工设备和机具，机电安装采用节电型机械设备，如逆变式电焊机和能耗低、效率高的手持电动工具等。

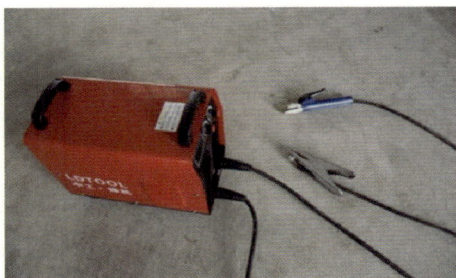

附图 J–10　逆变式电焊机

（5）GIS 防尘棚内温度不得低于 26℃，湿度小于 70%，提高空调装置的运行效率，空调运行期间应关闭门窗。在 GIS 施工过程中，由班组长指派专人对于作业环境粉尘进行控制，首先检测防尘棚内干、湿度合格后方可施工。

（6）电气设备直接上台，附件及附属设备就近堆放，减少二次倒运。

2. 节材实施措施

（1）优化施工方案，选用施工现场周围 500km 范围内的施工材料。

（2）使用先进的施工机械，节省实际施工材料消耗量。

（3）实行限额领料制，严格控制材料的消耗，制订并实施可回收废料的回收管理办法，提高废料利用率。

（4）建设工程施工所需临时设施应采用可拆卸可循环使用材料，并在相关专项方案中列出回收再利用措施。

（5）材料计划精细化，在满足工程建设基础上，制订合理的施工材料采购计划、办公用品采购计划，减少材料的购入。所有材料要经材料员严格办理出入库登记手续，施工队员使用材料经技术人员签字确认后方可领用，从源头杜绝材料浪费，如附图 J–11 所示。

（6）设备安装时拆掉的螺栓、母按规格型号分类存放，每天施工完成后，应对未用完的剩余损耗部分材料进行统一回收，上缴入库，不得随意处置，加强全过程跟踪管理，杜绝材料浪费，合理控制损耗百分率。

（7）电缆敷设应事先策划，合理规划路径，并根据电缆轴的电缆余量，合理裁剪，以减少电缆的损耗，如附图 J-12 所示。电缆敷设到位后根据设备高度预留余量不得超过 3～5 m。

（8）铜排、铝排、扁钢采用冷弯工艺，充分利用型材自然长度，减少裁切量和搭接量，提高材料利用效率。全面推行液压切割、冲孔和压接工艺。

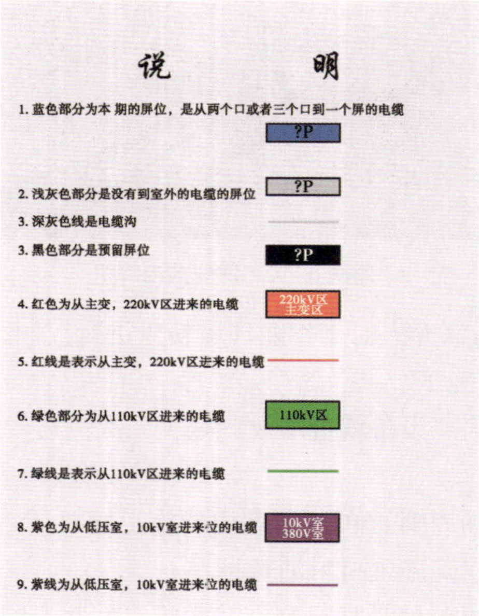

附图 J-11　说明

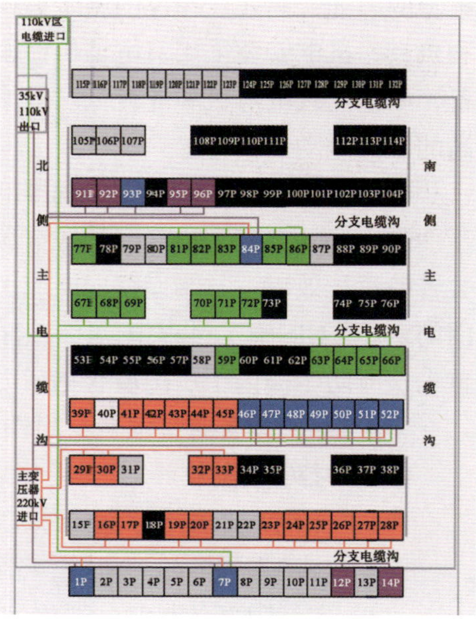

附图 J-12　保护室电缆策划

3. 节水实施措施

（1）施工现场实行生活用水和施工用水单独计量管理，严格控制施用水量。

（2）施工现场生产用水采用站内污水处理装置进行回收处理再利用，现场混凝土浇筑养护采用浇水覆膜养护，减少水源用量的同时，也提高了混凝土的熟化强度。

（3）充分利用雨水资源，将临建区域屋顶、地面雨水进行收集储备，用于进出场车辆冲洗，并且在车辆冲洗处设置废水回收设施，对废水进行回收后循环利用。

4. 节地实施措施

（1）施工现场道路按照永久道路和临时道路相结合的原则进行布置，施工现场内形成环形通路，减少道路占用土地。

（2）基坑开挖过程中在周围设置挡水沿和建筑物周围设置集水槽，防止水土流失，如附图 J–13 所示。

（3）材料堆放场地采用多层货架规划和布置，如附图 J–14 所示。

附图 J–13　建筑物周围设置集水槽

附图 J–14　多层货架规划和布置

5. 环境保护实施措施

（1）施工现场主要道路提前进行首层混凝土硬化。

（2）现场裸露的场地和集中堆放的土方采取覆盖、固化或绿化等措施。

（3）施工现场大门口应设置冲洗车辆设施。

（4）施工现场易飞扬细颗粒散体材料，应密闭存放。

（5）遇有四级以上大风天气，停止土方回填、转运以及其他可能产生扬尘污染的施工。

（6）施工现场根据 GB 12523—2011《建筑施工场界环境噪声排放标准》的要求制订降噪措施，并对施工现场场界噪声进行检测和记录。

（7）运输材料的车辆进入施工现场，严禁鸣笛，装卸材料应做到轻拿轻放

（8）合理安排作业时间，尽量避免夜间施工。必要时的夜间施工，合理调整灯光照射方向，在保证现场施工作业面有足够光照的条件下，减少对周围的干扰。

（9）在高处进行电焊作业时采取遮挡措施，避免电弧光外泄，如附图J–15所示。

（10）站内污水处理装置对生活用水进行处理后进行站内洒水降尘，无废水排放，又提供了降尘用水。

（11）站内道路施工前进行优化，提前做好地下设施（埋管、扁铁和管道）的敷设，减少了道路的二次施工和材料浪费，节省了材料和环境的保护。

（12）站区内建筑物构筑物全部使用商品混凝土，节省现场的搅拌用水。

（13）噪声振动控制：对于加工间的设置采用半封闭结构，如附图J–16所示，减少噪声影响。于噪声环境下的人员配备耳塞、耳罩等防护用品，以减轻噪声对人体的危害。严格按照环评报告书及批复的要求排放噪声，有条件时，定期对施工产生噪声进行监测。

附图 J–15　遮挡措施　　　　附图 J–16　加工间设置

（14）扬尘控制：电缆沟内清理灰尘和垃圾时用吸尘器，避免使用吹风器等易产生扬尘的设备。

（15）有害气体排放控制：施工现场严禁焚烧电缆皮、包装材料等废弃物。GIS现场注入SF_6气体前，制订详细的防SF_6气体泄漏的现场安全措施，由项目总工对安装人员交底后再实施；现场安装完好后的GIS重新进行检修时，采用专用的气体回收装置对SF_6气体进行集中回收后再进行检修，集中回收后的SF_6气体经试验合格后可以重新使用；禁止将SF_6气体直接置放于空气中，破坏臭氧层造成环境污染。

（16）废油的处理：主变压器、电抗器、站用变压器等设备运输或施工过程中的残油或不合格油不得随意排放，应统一回收处理，防止对水土环境产生危害。废弃的油料和化学溶剂应集中处理，不得随意倾倒。在滤油、注油以及热油循环过程中，对管道连接处进行包裹保护，机械下铺设五彩布，防止渗漏油。

（17）光污染控制：氩弧焊及电焊作业人员必须带防护手套、防护服、口罩及防护镜，避免烫伤及吸入毒气，搭设棚屋避免弧光外泄。

（18）电晕的控制：导线压接严格按照标准施工工艺施工，展放导线时下方应铺设五彩布，防止导线产生毛刺，压接导线后应及时将金具上的压边打磨光滑，防止导线在运行时产生放电现象，降低无线电干扰水平。

某变电站工程推行工程绿色施工，工程绿色施工措施及效果关联如附表 J-3 所示。

附表 J-3　某变电站绿色施工措施与效果关联

序号	"绿色建设"施工措施		"四节—环保"效果				
	措施名称	措施内容	节能	节水	节材	节地	环保
1	绿色施工方案	现场土质为粉土混碎石层，按规范基坑放坡应为 1∶0.3，优化施工方案，最大限度地减少对土地的扰动，减少了开挖面积和土方开挖量				有效减少开挖	
		施工现场道路按照永久道路和临时道路相结合的原则进行布置，施工现场内形成环形通路 4300m²				减少道路额外占用土地 630m²	
		基坑开挖过程中在周围设置挡水沿和建筑物周围设置集水槽，防止水土流失				控制了水土流失	
		实施绿色节能照明，现场所有照明灯具全部采用节能型灯具，并且在人员长时间离开或施工完毕后随手关闭照明电源，有效节约电源 132kW	相比节省用电 30%				
		实行生活用电和施工用分别电计量，形成每月记录，控制用电用量	有效的控制措施节省用电 5%				

145

续表

序号	措施名称	措施内容	节能	节水	节材	节地	环保
	"绿色建设"施工措施		"四节一环保"效果				
1	绿色施工方案	现场焊接采用逆变式电焊机，体积小重量轻、移动方便，并大大减少电能损耗，比传统焊机节电 1/3 以上	实现每台节省 1000w/h				
		施工现场实行生活用水和施工用水单独计量管理，严格控制施用水量		数据控制，节省用水 10%			
		施工现场生产用水采用站内污水处理装置进行回收处理再利用，可处理水 50m³/d，现场混凝土浇筑养护采用浇水覆膜养护有效减少使用水量 20m³/d，减少水源用量的同时，也提高了混凝土的熟化强度		相比节省用水 20%			
		充分利用雨水资源，将临建区域屋顶、地面雨水进行收集储备，用于进出场车辆冲洗，并且在车辆冲洗处设置废水回收设施，回收池 15m³，对废水进行回收后循环利用		水资源在利用节省用水 15m³			
		优化施二方案，选用施工现场周围 500km 范围内的施工材料，降低车辆运输里程及费用			节省运距损耗和成本费用月 6000 元/月		
		根据施工进度合理确定施工机械、人力的进场计划，避免人员设备窝工			结合施工有效利用人员和材料，减少了窝工停工		
		使用先进的施工机械，节省实际施工材料消耗量			先进机械的使用节省了材料 10%		

续表

序号	措施名称	措施内容	节能	节水	节材	节地	环保
		"绿色建设"施工措施	"四节一环保"效果				
1	绿色施工方案	实行限额领料制，严格控制材料的消耗，制订并实施可回收废料的回收管理办法，提高废料利用率，对部分木料进行指接，用于非主要承重处，节省木料约 1700 根			废料再回收利用减少损耗 5%		
		建设工程施工所需临时设施应采用可拆卸可循环使用材料，并在相关专项方案中列出回收再利用措施			节省材料 5%		
		施工现场主要道路提前进行首层混凝土硬化，降低扬尘					减少扬尘 50%
		现场裸露的场地和集中堆放的土方采取覆盖、固化或绿化等措施					减少扬尘 30%
		施工现场大门口应设置冲洗车辆设施，降低扬尘					减少扬尘 10%
		施工现场水泥搅拌和水泥库房易飞扬细颗粒散体材料，应密闭存放					减少扬尘 10%
		施工现场根据 GB 12523—2011《建筑施工场界环境噪声排放标准》的要求制订降噪措施，并对施工现场场界噪声进行检测和记录					控制噪声污染
		运输材料的车辆进入施工现场，严禁鸣笛，装卸材料应做到轻拿轻放					白天小于 75dB，夜间小于 55dB
		合理安排作业时间，尽量避免夜间施工。必要时的夜间施工，合理调整灯光照射方向，在保证现场施工作业面有足够光照的条件下，减少对周围的干扰					合理的照明方向减少光污染
		在高处进行电焊作业时采取遮挡措施，避免电弧光外泄					有效遮挡
		站内道路施工前进行优化，提前做好地下设施（埋管、扁铁和管道）的敷设，减少了道路的二次施工和材料浪费，节省了材料和环境的保护					减少了材料浪费 90%，保证材料有效利用，

续表

序号	措施名称	措施内容	节能	节水	节材	节地	环保
			\"绿色建设\"施工措施		\"四节一环保\"效果		
1	绿色施工方案	站区内建筑物构筑物全部使用商品混凝土，节省了现场的搅拌用水					节省搅拌用水10%
		GIS防尘棚内温度不得低于26℃，湿度小于70%，提高空调装置的运行效率，空调运行期间应关闭门窗。在GIS施工过程中，由班组长指派专人对于作业环境粉尘进行控制，首先检测防尘棚内干、湿度合格后方可施工	特殊作业环境的有效控制，保证了施工质量				
		电气设备直接上台，附件及附属设备就近堆放，避免二次倒运，减少了能源损耗	减少二次搬运人力物理损耗50%				
		材料计划要精细化，在满足工程建设基础上，减少材料的购入。所有材料要经材料员严格办理出入库登记手续，施工队员使用材料经技术人员签字确认后方可领用，从源头杜绝材料浪费			明确材料使用数量，合理分配领用，节省损耗20%		
		设备安装时拆掉的螺栓、母按规格型号分类存放，每天施工完成后，应对未用完的剩余损耗部分材料进行统一回收，上缴入库，不得随意处置，加强全过程跟踪管理，杜绝材料浪费，合理控制损耗百分率			节省损耗20%		
		电缆敷设应事先策划，合理规划路径，并根据电缆轴的电缆余量，合理裁剪，以减少电缆的损耗。电缆敷设到位后根据设备高度预留余量不得超过3~5m			节省损耗20%		
		铜排、铝排、扁钢采用冷弯工艺，充分利用型材自然长度，减少裁切量和搭接量，提高材料利用效率。全面推行液压切割、冲孔和压接工艺			节省损耗20%		

续表

序号	措施名称	"绿色建设"施工措施		"四节—环保"效果				
		措施内容	节能	节水	节材	节地	环保
1	绿色施工方案	材料堆放场地采用多层货架规划和布置				节省用地50%	
		噪声振动控制对于加工间的设置采用半封闭结构，减少噪声影响。在噪声环境下的人员配备耳塞、耳罩等防护用品，以减轻噪声对人体的危害。严格按照环评报告书及批复的要求排放噪声，有条件时，定期对施工产生噪声进行监测					白天小于75dB，夜间小于55dB
		电缆沟内清理灰尘和垃圾时用吸尘器，避免使用吹风器等易产生扬尘的设备					减少扬尘10%
		施工现场严禁焚烧电缆皮、包装材料等废弃物					减少扬尘10%
		GIS 现场注入 SF_6 气体前，制订详细的防 SF_6 气体泄漏的现场施工措施，由项目总工对安装人员交底后再实施；现场安装完好后的 GIS 重新进行检修时，采用专用的气体回收装置对 SF_6 气体进行集中回收后再进行检修，集中回收后的 SF_6 气体经试验合格后可以重新使用；禁止将 SF_6 气体直接置放于空气中，破坏臭氧层造成环境污染					回收利用90%
		主变压器、电抗器、站用变压器等设备运输或施工过程中的残油或不合格油不得随意排放，应统一回收处理，防止对水土环境产生危害。废弃的油料和化学溶剂应集中处理，不得随意倾倒。在滤油、注油以及热油循环过程中，对管道连接处进行包裹保护，机械下铺设五彩布，防止渗漏油					回收90%
		光污染控制氩弧焊及电焊作业人员必须带防护手套、防护服、口罩及防护镜，避免烫伤及吸入毒气，搭设棚屋避免弧光外泄					有效遮挡

序号	措施名称	措施内容	节能	节水	节材	节地	环保
		"绿色建设"施工措施			"四节一环保"效果		
1	绿色施工方案	电晕的控制，导线压接严格按照标准施工工艺施工，展放导线时下方应铺设五彩布，防止导线产生毛刺，压接导线后应及时将金具上的压边打磨光滑，防止导线在运行时产生放电现象，降低无线电干扰水平					有效遮挡
2	临电施工方案	实施绿色节能照明，现场所有照明灯具全部采用节能型灯具，并且在人员长时间离开或施工完毕后随手关闭照明电源	节省用电30%				
		实行生活用电和施工用电分别电计量，形成每月记录，控制用电用量	节省用电30%				
		现场焊接采用逆变式电焊机，体积小重量轻、移动方便，并大大减少电能损耗，比传统焊机节电1/3以上	节省用电30%				
		电气设备直接上台，附件及附属设备就近堆放，避免二次倒运，减少了能源损耗	减少二次搬运人力物理损耗50%				
	效果统计		9	3	9	4	17
	汇总		节能	节水	节材	节地	环保

（三）绿色监理控制措施

监理作为工程建设参与主体之一，在切实做好"三控两管一协调一履行"的同时，工作中还要按照相关规范、标准和《绿色施工导则》（建质〔2007〕223号）的要求，检查督促施工单位做好"四节一环保"的工作，实现经济效益、社会效益和环境效益的统一。

1. 节地控制措施

（1）要求施工单位合理布置材料场地，尽量靠近已有交通线路或即将修建的正式或临时交通线路，缩短运输距离。

（2）要求施工单位优化施工方案，在保证安全的前提下尽可能地减少土方开挖量，减少施工对土壤的扰动。

（3）增加监理人员现场巡视检查频率，并及时填写"节地评价表"，对施工过程中节地控制进行监督管理。

2. 节能控制措施

（1）审查施工单位用电计量管理制度，是否分别设定生产、生活、办公和施工设备的用电控制指标，空调是否规定了合理的温、湿度标准和使用时间，临时用电是否按分区供电方式，是否按季度和各阶段统计电量原始数据进行统计、分析，并采取相应调整措施。

（2）检查施工现场建立照明运行维护和管理制度，及时收集用电资料，建立节电统计台账，提高节电率。

（3）检查办公室、宿舍空调运行期间是否关闭门窗，人员长时间离开时是否随手关闭电源。发现浪费现象时进行批评教育，必要时进行考核。

（4）施工项目部应有专人负责对液化气的使用，要求施工单位对液化气进行日常检查，并做好记录表。防止漏气对人员及环境产生的危害。

（5）要求施工单位合理选择施工机械，避免大功率施工机械设备低负载长时间运行，同时合理安排施工工序、工作面，以减少作业区域的机具数量，发现现场安排不合理时及时指出，并责令施工单位进行纠正。

（6）监督施工项目部建立施工机械设备管理制度，开展用电、用油计量，完善设备档案及时做好维修保养工作，使机械设备保持低耗、高效的状态。

（7）根据节能评价表对施工过程中节能控制进行监督管理。

3. 节水控制措施

（1）要求施工单位建立生活用水及设备日常维护管理制度，对老化的供水管线设备定期检查更换，避免跑冒滴漏现象的发生。

（2）严格控制控制用水量，按季度和各阶段统计用水量，进行分析、对比，并采取相应调整措施。

（3）提倡废水回收再利用，要求施工单位优先采用新技术，减少现场施工用水（如：采用商品混凝土减少混凝土拌合用水，用薄膜覆盖减少混凝土养护用水的）。

（4）根据节水评价表对施工过程中节水控制进行监督管理。

4. 节材控制措施

（1）对项目部报审文件实行先电子审核后打印制度，实现项目部内部文件校对、审批完成修改无误后，一次性打印签字盖章。

（2）材料运输时应选择合适的运输工具、运输方法和装卸机具，减少材料的运输、装卸损耗。

（3）进入施工现场材料应分类堆放至仓库，如需露天堆放的，应采取防潮、防晒、防雨措施。防止材料因存放防护不当造成损失浪费。

（4）要求施工现场实行限额领料，统计分析实际施工材料消耗量与预算材料的消耗量，有针对性地制订并实施关键点控制措施，提高节材率；加强全过程跟踪管理，杜绝材料浪费，合理控制损耗系数。

（5）根据节材评价表对施工过程中节材控制进行监督管理。

5. 环境保护控制措施

（1）扬尘污染控制。

1）要求施工单位实行分区域回填，对未施工的区域采取防尘网覆盖。

2）对运输道路及裸露区域安排洒水车每天定时进行洒水。

3）遇有四级以上大风天气，要求施工单位不得进行土方回填、转运以及其他可能产生扬尘污染的施工。

4）现场垃圾清运时要求施工单位必须采取防尘措施。

（2）有害气体。

1）严禁施工单位在现场焚烧各类废弃物。

2）施工车辆、机械设备的尾气排放应符合国家和当地政府规定的排放标准。

（3）噪声污染控制。

1）要求施工现场根据国家标准的要求制订降噪措施，噪声不得超过国家标准。

2）运输材料的车辆进入施工现场，严禁鸣笛，装卸材料应做到轻拿轻放。

（4）光污染控制。要求施工单位合理安排作业时间，尽量避免夜间施工。必要时的夜间施工，合理调整灯光照射方向，在保证现场施工作业面有足够光照的条件下，减少对周围居民生活的干扰。

（5）固体废弃物（垃圾）污染监理控制。要求施工现场对施工垃圾、包装等进行分类处理，现场设置可回收与不可回收垃圾桶，不得随意丢弃。

根据环境保护评价表对施工过程中环境保护控制进行监督管理。

六、线路工程绿色建设管理篇

为了贯彻"绿色电网，和谐建设"的理念，认真落实建设单位关于建设绿色、和谐、科技的各项要求，最大限度地节约资源和能源，减少污染，减少施工活动对环境造成的不利影响，结合本工程实际情况，在路径选择与优化、导/地线及其附件选择和接地体选择、杆塔工程优化、基础工程优化以及全过程机械化施工过程中，对基础、组塔、架线做好节地、节水、节能、节材、环境保护、水土保持等，充分利用新设备、新材料、新技术、新工艺，已实现线路工程在节约资源和能源、施工环境保护、水土保持等方面的"可控、在控、能控"，全面提高施工人员的环保意识，最终实现本工程的绿色建设目标。

（一）线路工程绿色建设设计理念及方案

1. 路径选择与优化

（1）500kV 线路工程采用单回路架设方式，在内丘县、隆尧县境内线路与榆横—潍坊 1000kV 特高压线路并行，最小限度的控制两者间的距离，共用一个高压线路走廊，提高线路走廊利用率，最大限度地节省线路走廊土地占用。

（2）500kV 线路工程采用双回路架设，与两个单回路相比，能够压缩线路走廊，提高线路走廊利用率，极大限度的节省线路走廊土地占用。使用双回路架设较使用两条单回路塔材使用量约节省 12%，混凝土使用量约节省 18%，地线使用量约节省 50%。

（3）500kV 线路工程在武安市境内并行已有的柏林—苑水（崇州）双回 220kV 线路，最小限度的控制两者间的距离，最小限度的控制两者间的距离，共用一个高压线路走廊，提高线路走廊利用率，最大限度地节省线路土地占用。

（4）充分使用了三维数字地图、卫星影像等技术，通过影像图选线，可保证路径的可行性，同时保证塔位不占或少占耕地和经济效益高的土地，达到最大限度节约用地、合理使用土地的目的。

同时通过影像图选线，可保证路径的可行性，避免了工程的反复，节约了设计时间和人力。

（5）进行多次选线和路径方案对比，尽可能降低线路路径长度，减少转角个数。最终 500kV 线路工程路径曲折系数为 1.15，耐张塔比例 20.73%；最大限度减少了工程材料量，综合指标与初步设计指标相比，塔材指标降低 2.2t/km，混凝土指标降低 11.4m³/km。

（6）500kV 线路工程需跨越京广高铁、京广铁路、在建和邢铁路、京港澳高速、拟建太行山高速等；通过前后移动塔位，调整杆塔呼高，在满足"三跨"要求及保留适当裕度的基础上，最大限度节约材料用量。各跨越处塔型选择如附表 J-4 所示。

附表 J-4　各跨越处塔型选择

序号	跨越段塔位号	跨越段塔型	被跨越物	跨越方式
1	N22	5A2-J3-24	N23，N24 跨越京港澳高速	"耐 - 直 - 耐"
	N23	5A2-ZB2-45		
	N24	5A2-J4-30		
2	N29	5A2-J3-21	N30，N31 跨越京广高铁	"耐 - 直 - 直 - 耐"
	N30	5A2-ZBK-54		
	N31	5A2-ZBK-54		
	N32	5A2-J4-24		
3	N39	5A2-J1-27	N40，N41 跨越京广铁路	"耐 - 直 - 直 - 耐"
	N40	5A2-ZBK-51		
	N41	5A2-ZB2-48		
	N42	5A2-J1-21		
4	N92	5A2-JC3-27	N92，N93 跨越拟建太行山高速	"耐 - 耐"
	N93	5A2-JC4-30		
5	N134	5A2-JC2-24	N135，N136 跨越在建和邢铁路	"耐 - 直 - 直 - 耐"
	N135	5A1-ZBCK-60		
	N136	5A1-ZBCK-60		
	N137	5A2-JC2-24		

（7）500kV 线路避让扁鹊药园以及柏人城遗址等，对扁鹊药园、柏人城遗址等均无影响。充分考虑所在地地方政府和军事单位对线路路径的意见，避开工业园、旅游项目、人口密集区，尽量减少房屋拆迁。

（8）线路走廊内的树林、果园及三排以上的路旁树等按跨越考虑，塔基不占或少占用林地、耕地和经济效益高的土地，防止水土流失和土地沙化，保护环境。

2. 导 / 地线及其附件选择和接地体选择

（1）严格按照相关规程及规范，结合项目区周围的实际情况和工程设计要求，确保线路对地距离应满足 11m。确保线路影响范围内常年住人的房屋电磁环境、声环境达标，不产生对生态环境和沿线居民日常生活的影响。

（2）全面应用导 / 地线预绞式防振锤和节能型间隔棒，如附图 J-17 和附图 J-18 所示，节约能源。

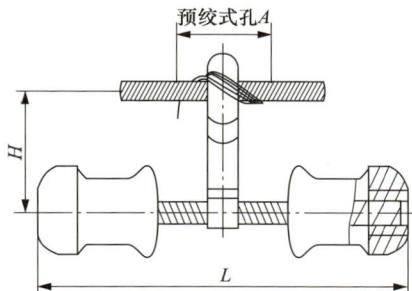

附图 J-17　导 / 地线预绞式防振锤　　　附图 J-18　节能型间隔棒

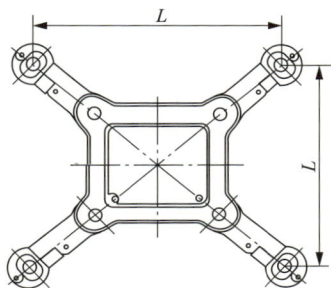

（3）500kV 线路工程均采用 OPGW 全线逐塔接地，JLB40-150 地线在变电站两端采用逐塔接地，其余部分分段绝缘，中间一点接地，避免形成感应电流通路，降低线路长期运行的能耗，具体接地方式如附图 J-19、附图 J-20 所示。

3. 杆塔工程优化

（1）杆塔采用《国家电网公司输变电工程通用设计（2011 年版）》中的 5A1、5A2、5C1、5C3 模块的塔型，减少工程设计、放样加工、施工以及工程验收的工作量，在一定程度上节约了人力、物力。

（2）单回路直线塔中相采用 V 形绝缘子串，如附图 J-21 所示，压缩走廊宽度，节约走廊占地约 5%。

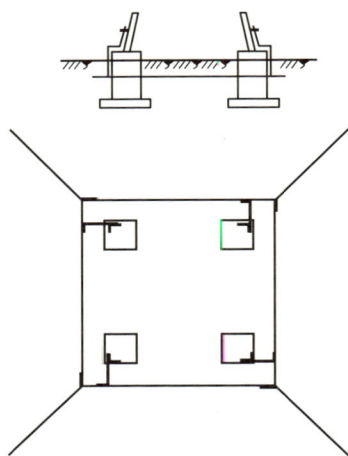

附图 J–19　放射线接地

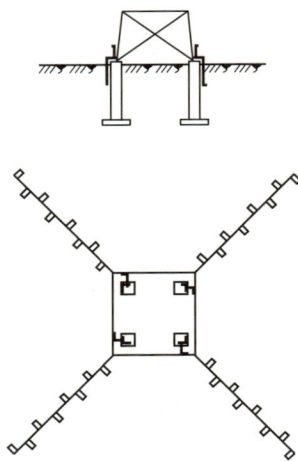

附图 J–20　接地电阻接地

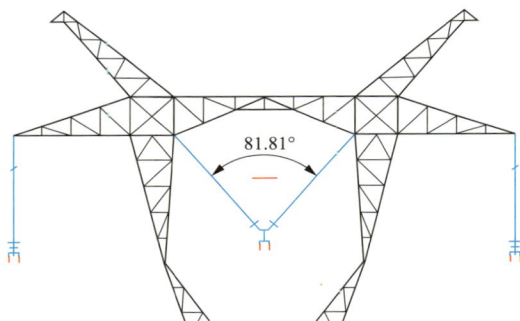

附图 J–21　V 形绝缘子串

（3）杆塔全部采用 B 级材质钢材，其中 Q420 高强钢使用率 35% 以上，较其他普通钢材 Q345 节省塔材约 5.8%。钢材的强度设计值如附表 J–5 所示。

附表 J–5　钢材的强度设计值（N/mm²）

钢材		抗拉、抗压和抗弯 f	抗剪 f_v
牌号	厚度或直径（mm）		
Q345 钢	≤ 16	310	180
	> 16 ~ 35	295	170
Q420 钢	≤ 16	380	220
	> 16 ~ 35	360	210

（4）杆塔采用合理的布材形式，对塔身坡度进行优化，斜材与水平面的夹角 α 控制在 35°～45°，达到杆件的最大使用效率，整体塔材较其余布置方式节省 3%～4%，具体形式如附图 J-22 所示。

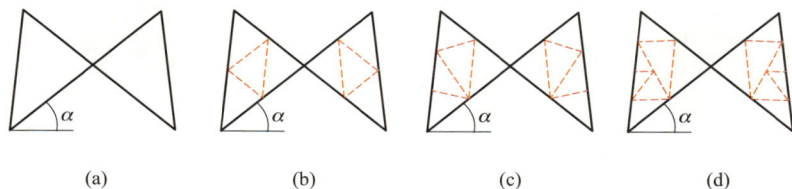

（a）　　　　　（b）　　　　　（c）　　　　　（d）

附图 J-22　布材形式
（a）形式一；（b）形式二；（c）形式三；（d）形式四

（5）山地、丘陵地区杆塔采用"全方位高低腿"配合"高低基础"的方式进行设计，如附图 J-23 所示，减少山体开方，避免山区自然生态的破坏和水土流失。

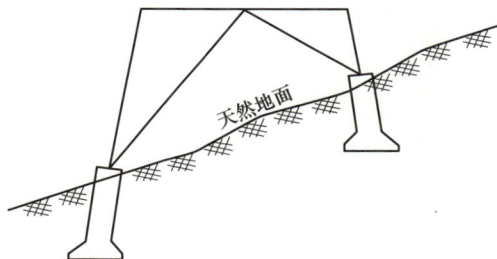

天然地面

附图 J-23　全方位长短腿与高低基础配合方法

4. 基础工程优化

（1）积极采用挖孔类基础，并对该基础形式进行优化设计，如附图 J-24 和附图 J-25 所示，充分利用基础和地基土的承载力，较开挖类基础减少约 15% 材料量。

（2）在弱腐蚀地段采用 C30 混凝土块，如附图 J-26 所示，与使用其他标号混凝土相比，既能满足其对于地基土和地下水腐蚀性的要求，也节约了水泥用量。

（3）基础钢筋中主筋采用 HRB400 级钢筋，较采用其他等级钢筋，既能满足强度要求，同时节约钢材用量约 6%，钢筋强度设计值如附表 J-6 所示。

附图 J-24　掏挖基础　　附图 J-25　挖孔基础　　附图 J-26　C30 混凝土试块

附表 J-6　钢筋强度设计值（N/mm²）

牌号	抗拉强度设计值 f_y	抗压强度设计值 f'_y
HPB300	270	270
HRB335	300	300
HRB400	360	360

（4）丘陵地区基础积极采用挖孔类原状土基础，实现"0"基面开方，如附图 J-27 所示，最大限度地保护自然环境。

（5）基础混凝土浇筑建议优先采用商品混凝土和集中搅拌混凝土，在具备条件的山区、丘陵地区优先采用泵送混凝土，最大限度减少环境污染。

（6）基础施工采用旋挖钻机等"干作业"机械设备，较潜水钻机仅使用少量的水，减少了泥浆池和泥浆护壁的采用，节水效果明显。

（7）塔基周围土质松散或为严重强风化岩石由于无植被或植被稀疏，在自然雨水作用下，极易引起水土流失，为防止自然生态破坏，对塔基周围土质松散、边坡较陡者砌挡土墙保护，满足安全运行和水土保持的要求，其示意图如附图 J-28 所示。

附图 J-27　挖孔类原状土基础　　附图 J-28　浆砌块石挡土墙示意图

5. 全过程机械化施工

（1）500kV 线路工程附近可利用附近乡镇公路、村村公路，同时设计本工程部分线路并行榆横—潍坊 1000kV 特高压线路，重复利用特高压线路的运输道路进行物料运输。利用原有道路进行材料运输可最大限度减少运输成本，节省人力 33%，减少运输工期 7%。

（2）采用全过程机械化施工，具体内容如附表 J-7 所示，在线路工程施工中临时道路修砌、物料运输、基坑开挖、混凝土浇筑、组塔施工、架线施工、接地工程施工等全工序采用施工机械代替人力施工，通过流水化施工组织作业，可节约人力约 26.1%，节约施工时间约 9.2%。某线路工程绿色设计措施与效果关联如附表 J-8 所示。

附表 J-7　全过程机械化施工具体内容

施工工序	适用范围或条件	施工装备
临时道路修建	平原、丘陵、山地	挖掘机、推土机、装载机、多功能道路修建装备
材料运输	平原、丘陵、山地	履带式运输车、轻型卡车、轮胎式运输车、索道运输
基础开挖施工	掏挖基础、桩基础、灌注桩基础	旋挖钻机、冲孔打桩机、潜水钻机
	大开挖基础	大开挖专用挖掘机、大开挖辅助降排水设备
混凝土施工	具有运输道路	混凝土搅拌站、混凝土泵车、罐式运输车
	运输困难	自落式搅拌机、混凝土输送泵
组塔施工	全范围	内悬浮外拉线抱杆、内悬浮内拉线抱杆
	具备进场条件、单件重量重	单动臂落地抱杆
	具备进场条件、大型铁塔	双平臂落地抱杆、双摇臂落地抱杆
	具备进场道路条件	履带式起重机
	高强螺栓连接铁塔	手用力矩扳手、数控充电式定扭矩扳手、数控交流定扭矩扳手
架线施工	导引绳展放	气球、多旋翼无人机、动力伞
接地施工	水平接地	定向钻机、专用接地挖掘机
	垂直接地	垂直钻机

附表 J-8　某线路工程绿色设计措施与效果关联

某线路工程绿色设计措施与效果关联							
序号	"绿色建设"设计措施		"四节一环保"效果				
序号	措施名称	措施内容	节能	节水	节材	节地	环保
1	线路并行	500kV 线路工程采用单回路架设方式，在内丘县、隆尧县境内线路与榆横—潍坊 1000kV 特高压线路并行，最小限度的控制两者间的距离，共用一个高压线路走廊，提高线路走廊利用率				节省走廊用地9%	
2	双回路架设	500kV 线路工程采用双回路架设			节省塔材12%，节省混凝土18%，节省地线用量50%	节省塔基占地16%，节省走廊用地24%	
3	线路并行	500kV 线路工程在武安市境内并行已有的柏林－苑水（崇州）双回 220kV 线路				节省走廊用地9%	
4	利用卫星影像选线	充分使用了三维数字地图、卫星影像等技术，通过影像图选线	节省选线人力15%			尽可能节省经济性高的土地	
5	路径优化	进行多次选线和路径方案对比，尽可能降低线路路径长度，减少转角个数。最终 500kV 线路工程路径曲折系数为1.15，耐张塔比例20.73%；最大限度减少工程材料量，综合指标与初步设计指标相比，塔材指标降低 2.2t/km，混凝土指标降低 11.4m³/km			较初步设计塔材指标降低2.2t/km，混凝土指标降低11.4m³/km	尽可能减少路径长度，减少线路占用走廊面积	
6	交叉跨越优化	工程交叉跨越通过前后移动塔位，调整杆塔呼高，在满足"三跨"要求及保留适当裕度的基础上，选用最经济塔型及呼高，跨越塔型及呼高			节省塔材3%		
7	避让自然保护区	500kV 线路避让扁鹊药园以及柏人城遗址等，对扁鹊药园、柏人城遗址等均无影响					√
8	避让风景区	500kV 线路避让洺河源国家森林公园、北武当山景区、秦王湖景区等风景区					√
9	避让工业区、居民区	500kV 线路工程充分考虑邢台县、内丘县和隆尧地方政府和军事单位对线路路径的意见，避开内丘县城规划以及内丘工业园（北园）、974处仓库、人口密集区，尽量减少房屋拆迁					√

某线路工程绿色设计措施与效果关联							
序号	"绿色建设"设计措施		"四节一环保"效果				
	措施名称	措施内容	节能	节水	节材	节地	环保
10	避让旅游区、居民区	500kV 线路工程充分考虑邢台县、沙河市和武安市地方政府对线路路径的意见，避开沙河天佑峡（天平秤）旅游项目、武安市贺进镇北继城温泉小镇景区					√
11	避让林区	线路走廊内的树林、果园及三排以上的路旁树等按跨越考虑，塔基不占或少占用林地、耕地和经济效益高的土地，防止水土流失和土地沙化，保护环境					√
12	电磁环境、声环境达标	严格按照相关规程及规范，结合项目区周围的实际情况和工程设计要求，确保线路对地距离应满足 11m。确保线路影响范围内常年住人的房屋电磁环境、声环境达标，不产生对生态环境和沿线居民日常生活的影响					√
13	节能金具	全面应用节能型间隔棒及导/地线预绞式防振锤	减少金具荷重 12%				
14	接地装置	500kV 线路工程均采用 OPGW 全线逐塔接地，JLB40-150 地线在变电站两端采用逐塔接地，其余部分分段绝缘，中间一点接地，避免形成感应电流通路，降低线路长期运行的能耗	节省接地成本 4%				
15	采用通用设计	杆塔采用《国家电网公司输变电工程通用设计（2011 年版）》中的 5A1、5A2、5C1、5C3 模块的塔型	节省人力 8%				
16	优化塔头尺寸	单回路直线塔中相采用 V 形绝缘子串				节省走廊占地 5%	
17	采用高强钢	杆塔全部采用 B 级优质钢材，其中 Q420 高强钢使用率 35% 以上			节省塔材 5.8%		
18	优化塔身布材	杆塔采用合理的布材型式，对塔身坡度进行优化，斜材与水平面的夹角 α 控制在 35°～45°，达到杆件的最大使用效率			节省塔材 3%		
19	采用"全方位高低腿"配合"高低基础"的方式设计	山地、丘陵地区杆塔采用"全方位高低腿"配合"高低基础"的方式进行设计，减少山体开方，避免山区自然生态的破坏和水土流失					√

续表

序号	"绿色建设"设计措施		"四节一环保"效果				
	措施名称	措施内容	节能	节水	节材	节地	环保
20	采用原状土基础	积极采用挖孔类基础,并对该基础型式进行优化设计。充分利用基础和地基土的承载力,实现"0"基面开方,保护环境			节省混凝土用量15%		√
21	采用高强度混凝土	在弱腐蚀地段采用C30混凝土			节省混凝土用量2%		
22	采用高强度钢筋	基础钢筋中主筋采用HRB400级钢筋,较采用其他等级钢筋,既能满足强度要求,同时节约钢材用量约6%			节省钢筋用量6%		
23	采用商品混凝土	优先采用商品混凝土和集中搅拌混凝土,在具备条件的山区、丘陵地区优先采用泵送混凝土					√
24	采用干作业施工方式	基础施工采用旋挖钻机等"干作业"机械设备,较潜水钻机仅使用少量的水,减少了泥浆池和泥浆护壁的采用		节省水用量50%			
25	增加生态挡土墙	塔基周围土质松散或为严重强风化岩石由于无植被或植被稀疏,在自然雨水作用下,极易引起水土流失,为防止自然生态破坏,对塔基周围土质松散、边坡较陡者砌挡土墙保护,满足安全运行和水土保持的要求					√
26	利用原有道路	500kV线路工程附近可利用S327、G107、红旗大街南延、S328、S321、S322以及较多乡镇公路、村村公路,同时设计本工程部分线路并行榆横—潍坊1000kV特高压线路,重复利用特高压线路的运输道路进行物料运输	节省人力33%,节省运输成本7%				
27	机械化施工	采用全过程机械化施工,在线路工程施工中临时道路修砌、物料运输、基坑开挖、混凝土浇筑、组塔施工、架线施工、接地工程施工等全工序采用施工机械代替人力施工,进行流水化施工组织作业	节省人力26.1%,节省施工时间9.2%				
效果统计			6	1	8	6	10

（二）线路工程绿色建设施工实施方案

1. 节地实施措施

（1）线路工程施工项目部、材料站选择沿线现有的工农业厂房、厂区内规划构建，避免重新征占临时用地，材料站实行大宗物资集中配送发放，避免作业现场材料存放占地。项目部驻地租用已建多层民房，避免重新征占临时用地约 300m²。中心材料站根据施工进度提前做好了材料计划，通过合理安排材料的采购、进场时间和批次，从而达到基础材料集中存放，即用即取，避免现场临时占用农田 17333.42m²。

（2）合理进行施工总平面布置，充分利用原有建筑物、构筑物、道路、管线、为施工服务。经过项目部不断对比策划，设计的最终平面布置图比原有方案缩短运输距离 35km，减少临时占地约 0.37km²，节省运输、转运费用上万元。

（3）合理选择放线段及张牵场地，在跨越较少的地段，应适度加大放线段长度，接近规定的限值（20 个放线滑车）。相邻区段连续作业，张牵场重复利用，推行"窄时段"集中作业，减少导/地线展放作业区、工器具材料区、锚线区等临时占地。

（4）为了减少临时占地，根据地形条件和铁塔的特点，本工程铁塔组立原则上优先采用 25～130t 移动式起重机分解组立铁塔。使用 25t 级移动式起重机组立平臂抱杆和铁塔 30m 以下底段，采用落地双平臂抱杆组立完成其他段吊装，如附图 J-29 和附图 J-30 所示，每基铁塔组立可有效避免青苗损毁 140～180m²。

附图 J-29　吊车组塔　　　　附图 J-30　双平臂抱杆组塔

（5）初级导引绳利用八旋翼飞行器悬空展放。在展放过程中，利用八旋翼飞行器将初级导引绳逐基通过放线段塔顶，塔上人员通过专用工具将初级导引绳置入塔顶的朝天滑车轮槽中，逐次完成每基塔的操作。不受地形限制，有效地减少线路走廊的临时占地，预计每公里节约临时占地 $1000m^2$。

2. 节能实施措施

（1）各生活区和办公区、公共区域的照明采用节能灯管。办公时间应充分利用自然光照，减少照明设备能耗，杜绝白昼灯、长明灯。项目部合理布置灯具位置，灯具全部换用节能型灯具，共计换装 18 只，发光效率在 89%～92%，相比普通光源节能 75%；空调、计算机、饮水机和照明灯等用电设备要做到及时断电。在住宿区禁止使用电火炉、电饭锅等容易引发失火的电器。在作业面积小的情况下，局部开放照明设施，节约用电。

（2）建立施工机械设备管理制度及设备维修保养记录，开展用电、用油计量，完善设备档案，及时做好维修保养工作，使机械设备保持低耗、高效的状态。选择功率与负载相匹配的施工机械设备，避免大功率施工机械设备低负载长时间运行。

（3）线路基础冬季养护时暖棚搭设的大小可根据基础的大小确定，线路基础养护可制造牢固暖棚重复使用，充分利用白天阳光照射，保证养护温度，节约燃煤能源的使用，阳光暖棚如附图 J-31 所示。

附图 J-31　阳光暖棚

（4）使用国家、行业推荐的节能、高效、环保的施工设备和机具，铁塔螺栓在安装过程中采用气动扳手进行紧固，限制和淘汰落后的施工方法。

（5）工地运输根据现有道路及交通条件，塔位道路不具备大型施工装备进场要求，或遇连日大雨，道路泥泞时采用履带运输车运输，如附图 J-32

所示，履带式吊车装卸。此方案可减少修建简易道路临时占地，每次使用可减少临时占地 1600～2100m²。

附图 J-32　履带运输车

（6）项目部采用太阳能热水器替代原有储水式电热水器，节电率 100%，每天项目部通过热水器节电 12kWh，一年预计节电 4380kWh。

3. 节水实施措施

基础混凝土浇筑完成后根据基础养护要求采用薄膜覆盖养护，节约用水，此方法对比温度在 30℃时，浇水养护每个桩基基础可有效节水 20L/ 天，如附图 J-33 所示。

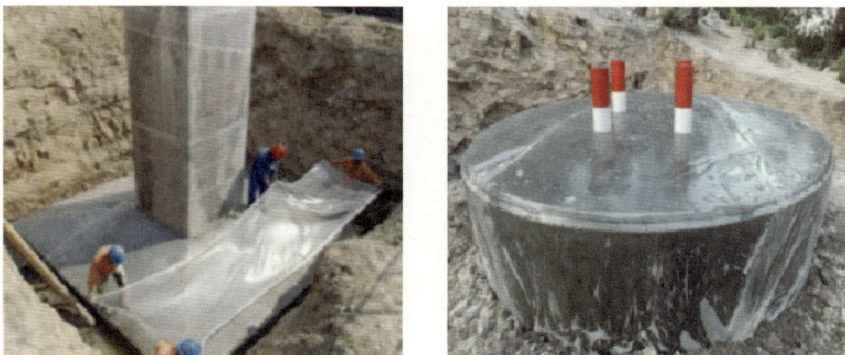

附图 J-33　薄膜覆盖养护

4. 节材实施措施

（1）线缆展放提前策划展放方案，线路敷设路径应进行精确测量，避免盲目下料；导 / 地线要进行接头位置策划，设计、施工单位及时向导线生产厂家提供合理的导线盘长，提升整盘导线利用效率，减少下脚料。

（2）钢筋、地脚螺栓采用工厂集中加工，提高施工效率，统一配送，材料在转运过程和存放过程中，应做好防护工作。砂石、水泥应铺垫彩条布，防止底层遗弃造成的材料浪费和土地污染；钢筋、地脚螺栓、钢管等应铺垫枕木，防止发生锈蚀，产生浪费。

（3）钢筋等材料按需截取，避免浪费。科学计算、合理分配，尽可能地减少搭接接头，此工艺可节约钢筋 3% 左右。

5. 环境实施保护实施

（1）线路基础开挖，生、熟土分开堆放，采用密网进行全覆盖，定期洒水防止扬尘。在施工过程中，对于作业产生的垃圾、土石方等要及时监督施工进行清运，做到"工完、料净、场地清"。

（2）拉运土方、碎石不得高出车箱板，车辆应采取有效措施防止跑、冒、滴、漏，应将表面用水打湿减少灰尘飘扬等防止扬尘措施，沙石现场堆放与地表之间有隔离设施，如附图 J-34 所示。

附图 J-34　隔离设施

（3）工程施工中产生的固体废弃物，可将其分为可回收和不可回收的固体废弃物，如附图 J-35 所示。

（4）对于线路工程中，塔位坐落于高山之上的，交通、原材料运输极其困难，为了保护植被及自然环境，解决施工原材料、工器具运输困难的问题，当坡度大于 25° 时，

附图 J-35　垃圾分类

根据地形情况，采用山区索道运输，如附图 J-36 所示，将大大地提高施工效率，保护植被环境。

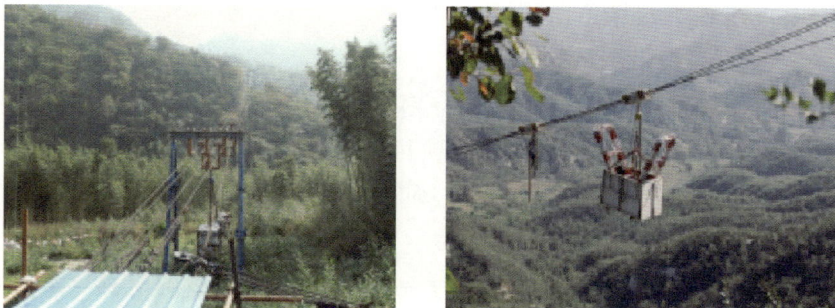

附图 J-36　山区索道运输

（5）基础施工作业时，根据实际情况，选用旋挖钻机工艺，施工现场整洁，临时占地面积减少，对环境造成的污染小，提高工作效率，保证施工安全。

（6）根据现场实际地形，在条件允许的情况下连续塔位中间点附近提前联系有资质的商品混凝土搅拌站，采用集中搅拌为混凝土泵送施工；对与地形受限的基础，采用小型搅拌机搅拌混凝土直接浇筑。泵送混凝土的输送距离长，单位时间的输送量大，可以很好地满足混凝土量大的施工要求，也可以减少施工原材料的占地费用和环境的污染，提高施工效率。

（7）牵张场使用地锚较多，使用柔性地锚机埋设地锚，如附图 J-37 所示。采用柔性地锚代替传统板式地锚和人工地锚钻进行施工，减少植被破坏和水土流失。

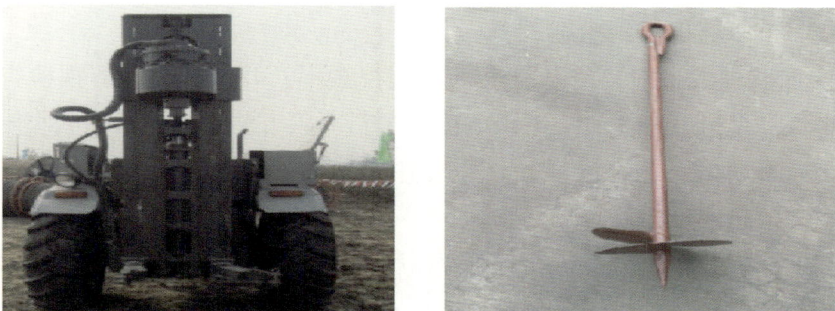

附图 J-37　地锚钻取机

（8）对于地处平原的接地工程施工，接地沟可采用挖沟机开挖，减少劳动力，加快施工速度，减少植被破坏。

（三）线路工程绿色监理控制措施

1. 节地监理控制措施

（1）督导施工项目部在满足标准化建设的前提下，优先租赁就近沿线现有的工农业厂房、厂区构建施工项目部和材料站，并进行合理布置，根据施工进度合理安排材料的采购、进场时间和批次，从而达到材料集中存放，即用即取，减少材料站占地。

（2）审查施工张力放线施工方案，尽可能增加放线区段（严禁超过20个放线滑车），优先展放相邻放线区段，以节约张牵机现场的临时占地。

（3）对施工采用的吊车、双摇臂抱杆组塔、八旋翼飞行器展放导线等施工方案中临时占地部分的措施进行审查，发现问题时督促施工单位进行闭环整改。

（4）根据节地评价表对施工过程中节地控制进行监督管理。

2. 节能监理控制措施

（1）对施工项目部进行用电专项检查，严禁使用电火炉、电饭锅等大功率电器设备，在相同条件下优先选择节能型电器设备，减少施工用电。

（2）检查施工机械设备管理制度及设备维修保养记录是否齐全，进场的设备性能是否完好，确保机械设备保持低耗、高效的运行状态。

（3）检查施工单位冬季基础养护记录及措施，阳光暖棚是否充分利用阳光照射，节约燃煤能源的使用。

（4）根据节能评价表对施工过程中节能控制进行监督管理。

3. 节水监理控制措施

增加监理人员对夏季基础养护的巡视频率，并做好监理巡视检查记录表，在保证基础养护条件下，采取覆盖塑料薄膜方法，减少基础洒水用量。根据节水评价表对施工过程中节水控制进行监督管理。

4. 节材监理控制措施

（1）审查施工放线方案中是否编制了节材措施（如：是否对展放区段应进行精确计算避免盲目下料、是否对导/地线接头进行位置策划提升导线利用效率等），发现问题时及时要求施工单位整改，并对导/地线压接进行旁站。

（2）结合设计理念，对引进的新工艺、新设备由施工单位编制专项施工方案，审查施工方案的可行性，对于批准执行的施工方案，进行首次试点验收，确定方案可行性。确认现场施工条件与批准方案是否相符，监理验收合格后方可进行施工。

（3）根据节材评价表对施工过程中节材控制进行监督管理。

5. 环境保护监理控制措施

（1）严格审查施工安全文明费用施工使用计划，对于安全文明施工设施进场进行验收，监督施工单位按照安全文明施工标准化要求对施工现场进行标准化布置，以保证绿色、安全施工。

（2）在施工过程中，监督施工单位及时对施工垃圾进行分类处理，对余土、残料进行清运，做到"工完、料净、场地清"。在清运过程中，监督施工项目部采取防跑、冒、滴、漏措施。

（3）根据节能评价表对施工过程中节能控制进行监督管理。